农事指南系列丛书

稻虾综合种养产业关键实用技术100问

张家宏　著

中国农业出版社
北　京

图书在版编目（CIP）数据

稻虾综合种养产业关键实用技术100问 / 张家宏著
. —北京：中国农业出版社，2021.1
（农事指南系列丛书）
ISBN 978-7-109-27862-2

Ⅰ.①稻… Ⅱ.①张… Ⅲ.①稻田—龙虾科—淡水养殖—问题解答 Ⅳ.①S966.12-44

中国版本图书馆CIP数据核字（2021）第021928号

中国农业出版社出版
地址：北京市朝阳区麦子店街18号楼
邮编：100125
策划编辑：张丽四
责任编辑：吴洪钟 文字编辑：张庆琼
责任校对：吴丽婷
印刷：北京中科印刷有限公司
版次：2021年1月第1版
印次：2021年1月北京第1次印刷
发行：新华书店北京发行所
开本：700mm × 1000mm 1/16
印张：12
字数：200千字
定价：68.00元

丛书序

习近平总书记在2020年中央农村工作会议上指出，全党务必充分认识新发展阶段做好“三农”工作的重要性和紧迫性，坚持把解决好“三农”问题作为全党工作重中之重，举全党全社会之力推动乡村振兴，促进农业高质高效、乡村宜居宜业、农民富裕富足。

“十四五”时期，是江苏认真贯彻落实习近平总书记视察江苏时“争当表率、争做示范、走在前列”的重要讲话指示精神、推动“强富美高”新江苏再出发的重要时期，也是全面实施乡村振兴战略、夯实农业农村现代化基础的关键阶段。农业现代化的关键在于农业科技现代化。江苏拥有丰富的农业科技资源，农业科技进步贡献率一直位居全国前列。江苏要在全国率先基本实现农业农村现代化，必须进一步发挥农业科技的支撑作用，加速将科技资源优势转化为产业发展优势。

江苏省农业科学院一直以来坚持把推进科技兴农为己任，始终坚持一手抓农业科技创新，一手抓农业科技服务，在农业科技战线上，开拓创新，担当作为，助力农业农村现代化建设。面对新时期新要求，江苏省农业科学院组织从事产业技术创新与服务的专家，梳理研究编写了农事指南系列丛书。这套丛书针对水稻、小麦、辣椒、生猪、草莓等江苏优势特色产业的实用技术进行梳理研究，每个产业凝练出100个技术问题，采用图文并茂和场景呈现的方式“一问一答”，让读者一看就懂、一学就会。

丛书的编写较好地处理了继承与发展、知识与技术、自创与引用、知识传播与科学普及的关系。丛书结构完整、内容丰富，理论知识与生产实践紧密结

合，是一套具有科学性、实践性、趣味性和指导性的科普著作，相信会为江苏农业高质量发展和农业生产者科学素养提高、知识技能掌握提供很大帮助，为创新驱动发展战略实施和农业科技自立自强做出特殊贡献。

农业兴则基础牢，农村稳则天下安，农民富则国家盛。这套丛书的出版，标志着江苏省农业科学院初步走出了一条科技创新和科学普及相互促进、共同提高的科技事业发展新路子，必将为推动乡村振兴实施、促进农业高质高效发展发挥重要作用。

2020年12月25日

序

张家宏研究员长期从事小龙虾人工繁育与稻田综合种养模式及配套投入品的研究与推广工作。在种养结合型生态循环农业领域，创立了“一环、双链、三绿、四型、五生五园”区域性生态循环农业建设新理念，并指导和应用于生产实践，取得了丰硕成果。尤其是在稻虾综合种养模式创新和技术集成方面，开拓了从传统的“一稻一虾”到“一稻两虾”再到“一稻三虾”过渡的新局面，并在稻虾主产区推广应用，促进了稻虾高效绿色种养模式的改革，受到了农业农村部、国家发展和改革委员会的关注，并被国内主流媒体广泛报道。其主要贡献性：一是较系统地阐明了小龙虾的十大生物学特性，即自相残杀、喜阴怕光、蜕壳生长、攀附栖息、掘穴避害、昼伏夜出、越塘逃逸、食谱纷杂、食诱易捕和短寿低殖，为小龙虾进入稻田养殖拓建了生物学基础；二是调研并指明了目前稻虾综合种养生产上普遍存在的十大突出问题，即种杂、沟小、草少、水糟、虾闹、心燥、鸟笑、易逃、轻稻和无靠，为稻虾综合种养健康发展提出了对策方向；三是提出了“一稻三虾”高效生产的绿色种养、绿色营养和绿色防控“三绿”理念，并集成配套技术体系，为当前稻虾生产提供了技术新支撑；四是制定和规范了“三大、两水、两网、一道”的稻虾田配套工程设施建设标准，避免了生产上各行其是、滥挖和破坏基本农田的现象；五是提出了“一稻三虾”高效绿色种养生产的种养繁十二字“一站式”解决方案，即稻、虾、草、肥、水、药、菌、氧、饵、敌、底、藻，为当前稻虾综合种养健康发展指明了实践路径；六是研发出了“一稻三虾”三大系列专用投入品，即稻虾专用肥、稻虾专用饲料和稻虾净水改底控病专用生物制剂，为稻虾综合

种养健康发展保驾护航。

近年来，生产实践表明“一稻三虾”创新模式具有五大突出优势：一是避开“五月瘟”，成活率高；二是实现苗种自给，规格高；三是投苗养殖，产量高；四是创建稻虾品牌，品质高；五是实现小龙虾错峰上市，效益高。这种“茬茬清”的“一稻三虾”高效绿色种养模式彻底颠覆了抓大留小、自繁自育的传统稻虾模式，实现了周年稻田收获一季水稻、养殖“稻前虾”和“稻中虾”两茬成虾及一茬“稻后虾”虾苗的目标，大幅降低了化学肥料和化学农药的使用量，有效地提高了土地和水资源的利用率及小龙虾和稻米的品质，已成为各地科技脱贫攻坚、乡村振兴的重要抓手。《稻虾综合种养产业关键实用技术100问》通过图文并茂的形式，系统地介绍了“种好稻、养好虾、育好苗”的实用技术，集中体现了作者多年科研成果的精华，不失为稻虾综合种养生产、技术和管理人员的好读本。

中国工程院院士

张洪程

2020 年 12 月

前　言

近年来作者针对生产上小龙虾苗种繁殖过程中出现的诸多问题，率先提出了繁养匹配、繁养分区和繁养轮转的生产方法，解决了困扰生产多年的繁养不分、自繁自育、苗种退化、大小不一，以及盲目繁殖、稻虾田长期泡水、土壤劣化等不良现状。针对国内稻虾产业存在的突出问题，作者潜心钻研出稻、虾、草、肥、水、药、菌、氧、饵、敌、底、藻十二字“一站式”解决方案，并与江苏克胜集团蜻蜓研究院合作组建专门队伍对社会开展技术服务。作者制定了江苏省地方标准《“一稻三虾”生态种养技术规程》、撰写了《图说“一稻三虾”高效绿色种养》专著、创作出版了《“一稻三虾”绿色高效生态种养模式图》等科普图书，甚至还编撰了“一稻三虾歌”便于记忆和传播，被广大种养户誉为“最接地气的农业专家”，被江苏省科学技术协会授予“江苏省首席科技传播专家”称号。国家发展和改革委员会、农业农村部、江苏省农业委员会等官网，以及国内多家主流媒体做了专题报道，诸如《科技日报》《农民日报》《经济日报》《新华日报》和人民网、中国科技网、水产养殖网等。圭亚那国家电视台也纷纷关注报道。作者一向注重科学普及和生产实际指导。为加强该项技术体系的快速推广应用，江苏省农业科学院成立了亚夫科技服务稻虾综合种养工作站，由作者亲任站长，这一平台的建设有利于为广大种养户开展科技服务工作，为全省乃至全国的稻虾产业健康稳步发展做出更大的贡献。

为促进稻虾高效绿色种养生产技术的进一步推广应用，让更多的人掌握这类增收致富技术，作者结合多年研究与生产实践，撰写了《稻虾综合种养产业关键实用技术100问》这部专著，以飨读者。《稻虾综合种养产业关键实用技术100问》以一问一答的形式，按照稻虾产业绿色种养、绿色营养和绿色防控等主要板块，系统地介绍了作者研究多年的厚重积累，阐述了稻虾综合种养产业发展的历程、存在的问题及未来发展的方向。在绿色种养模式的创建中，介绍了作者首创的“一稻三虾”高效绿色种养生产技术体系，这是稻虾综合种养模式的一场新技术革命。书中详细介绍了小龙虾的主要生物学特性，规范了“三大、两水、两网、一道”的配套田间工程设施建设方案，详述了“稻前虾”“稻中虾”“稻后虾苗”茬茬清的“三虾”繁养技术操作，其中包含“六位一体”绿色营养、“五位一体”绿色防控技术体系。“一稻三虾”高效绿色种养生产技术体系经生产实践证明，具有错时繁养、错峰上市、避开“五月瘟”、实现优质苗种自给、早出虾出大虾、早出苗出好苗、减肥减药、提质增效、创建优质稻虾产品品牌等多重优势，已成为当前各地农业科技扶贫的“短平快”项目和乡村振兴的重要抓手。由于该模式易于出早虾、出晚虾、出大虾、出好虾、多出虾，广大种养户纷纷效仿，各级政府层层推动，并迅速大面积推广应用，大幅提高了单位土地面积的小龙虾产量、品质和经济效益。

书中有许多精美的插图，大都是作者长期从事科研工作和指导生产实践的珍贵积累，言词表述也是字斟句酌，且文字精练、通俗易懂。全书图文并茂、原创性高、信息量大、覆盖面广、专业性精、指导性强，实用易行可操作，是一部乡村农技人员和农民教育培训的好读本、好教材，也是广大种养户及相关农业科研人员的好参考书。

（签名）

2020年9月

目录

第一章 概论

小龙虾是从哪里来的？

小龙虾中文名为克氏原螯虾，拉丁名为*Procambarus clarkii*，英文名为red swamp crayfish。中国小龙虾的起源有“化石说”“人为说”和“迁徙说”等多种版本。“化石说”的主要依据是20世纪20年代，在今辽宁省凌源市出土了一块小龙虾化石，是一枚螯虾，呈土黄色，属于螯虾亚目、环足虾科、古蛄属，地质年代为1.2亿～1.5亿年前的侏罗纪至白垩纪（图1-1、图1-2）。这是迄今世界上发现的最早的小龙虾化石。由此可推定，小龙虾起源于中国东北，再传至中亚、欧洲和北美等地。至于后来中国境内的小龙虾为什么灭绝，目前还无法解释清楚。“人为说”主要来自网络，该说法认为20世纪30年代日本入侵中国时有意将其传播到中国，其能破坏水稻生长使粮食减产，同时还能破坏田埂、河堤、湖堤、江堤、大坝等，甚至还有处理尸体之说。“迁徙说”主要源自有关专家的考证，他们认为小龙虾原产于墨西哥北部和美国南部，随着人类活动的携带、消费和人工养殖等因素的影响，小龙虾种群才得以广泛分布于非洲、亚洲、欧洲及南美洲等30多个国家和地区，是世界性常见物种。1918年，小龙虾作为观赏动物从美国引入日本本州，进入亚洲。20世纪30年代，由日本传入我国的南京，在南京郊县生存与繁衍。到20世纪60年代初，南京人已开始食用小龙虾，这促进了小龙虾向周边地区扩散。后来南京的知识青年把小龙虾带到了洪泽湖和骆马湖一带，1969年小龙虾进入江西，1972年小龙虾进入湖北。小龙虾大都在20世纪90年代后才进入我国其他地区，笔者的观点有两个：一是1991年和1998年的两次长江大洪水是主要的传播途径，另一个是小龙虾成为城乡居民喜欢

的美味食物后，人为引种养殖所致。

图1-1　小龙虾博物馆展出的小龙虾化石

图1-2　小龙虾化石标签

2 小龙虾大产业是怎么形成的？

小龙虾大产业的形成主要源自两个方面。一是成为舌尖美味。据报道，2000年前后一种速食消费“大排档”快速崛起，那时人们夏季喜欢到“大排档”买些花生米、鹅肉、螺蛳、小龙虾等，一起吃喝聊天，一袋子有20尾小龙虾，价格仅1元。小龙虾还可以做成不同口味的美食，如麻辣、蒜香、清蒸等。当人们开始食用小龙虾时，它的命运也发生了翻天覆地的变化，那时农村小龙虾多，一到插秧时节，小河沟的塘埂上到处都是抓捕小龙虾的人。可以说，是“吃货”改变了小龙虾的命运。自从成为美食后，小龙虾就不再是“稻田一害”，而一跃成为“舌尖上的美味”，最早且最著名的当属江苏盱眙烹制的“十三香龙虾”。盱眙于2000年首次举办“盱眙龙虾节”，至今已有20载，其品牌市值已达180亿元。随后湖北潜江也推出了“潜江龙虾节”和“油焖大虾”。二是适合在湿地养殖。自从成为舌尖上的美味后，小龙虾的野外捕捞便成为一种新兴行业，但是中国人的消费能力很强大，几年后野生小龙虾就被吃得几乎绝种。野外捕不到了，只有人工养殖才能满足大众需求。因此，2005年前后，人工养殖小龙虾开始兴起，先是利用池塘养，但是始终养不好、产量低。直到湖北潜江人试行“虾稻连作”，在稻田养殖小龙虾成功后，人们才似乎为小龙虾找到了理想的天堂，那就是浅水湿地。笔者从2005年起即开展小龙虾生态健康养殖技术研究，并先后创建了“一稻两虾”“一稻三虾”“一藕两虾”“一藕三虾”“一茭两虾”“一茭三虾”等湿地综合种养模式（图1-3、图1-4），集成了配套技术体系，为湿地养殖小龙虾提供了技术支撑，小龙虾产量大幅提升，达到了“一水两用、一田多收”和“减肥减药、提质增效”的综合效果。据《2020年小龙虾产业报告》报道，2019年全国小龙虾养殖面积已达1800多万亩[①]，其中稻田养殖面积达1600多万亩，小龙虾全产业链产值已突破4000亿元，形成了实实在在的小龙虾大产业（图1-5）。

图1-3 “一稻三虾”生产田

图1-4 藕田养殖小龙虾

图1-5 小龙虾交易市场

3 稻田养殖小龙虾是如何发展起来的？

20年前稻虾本是互不相容的。那时小龙虾是受人唾弃的“稻田一害”，直到21世纪初稻虾才有缘走到同一片土地，但极为小心的人们没有急于让已处“一屋”的稻虾“相逢”“相伴”，即在同一块田里先种稻再养虾或先养虾再种稻，总之稻和虾在同一方水土上始终不能相遇。因为小龙虾会伤稻，水稻生长

① 亩为非法定计量单位，1亩＝1/15公顷。——编者注

时要排水搁田，而小龙虾生长离不开水，种养之间有不可调和的矛盾。稻虾共作即稻和虾互利共生只是近几年的事（图1-6），是笔者创建“一稻两虾”“一稻三虾”新模式之后，在建成稻虾田配套工程设施的情况下才开始兴起的。20世纪90年代小龙虾大面积入侵水稻田，肆意夹断和取食秧苗，同时掘穴洞穿田埂，让稻田不能保水，对水稻生长造成严重危害，十足是“稻田一害”，许多农民直接将其抓住用脚踩死。笔者最初也是从研究灭杀稻田小龙虾起步，直到小龙虾成为“大排档”主角，野生虾难以满足市场需求时，才于2003年研究小龙虾的人工繁殖与养殖，并于2007年在小龙虾工厂化人工繁殖方面获得成功，一时间媒体纷纷报道，引起轰动。而国内稻田养殖小龙虾最早的是湖北潜江市农民刘主权在2000年将小龙虾养殖与水稻种植结合起来，在水稻收获后养殖小龙虾，发展虾稻连作并取得成功。2008年潜江市水产局技术人员到扬州笔者的繁育基地学习小龙虾苗种人工繁育技术，笔者也先后去潜江培训指导、在潜江龙虾节高峰论坛上学术交流多次，由此推动了稻虾产业在湖北的快速发展。笔者开创的“一稻两虾”“一稻三虾”等模式的推广应用，为稻田养殖小龙虾产量的提升带来了数量级的飞跃，正常的虾稻连作等“一稻一虾”模式，小龙虾平均产量为94千克/亩，而“一稻两虾”则可达到200千克/亩以上，“一稻三虾”达到300千克/亩以上，这类“短平快”的新型稻田养虾模式的推广（图1-7）大幅提高了单位面积稻虾田小龙虾的产量，同时提高了农民的经济收入，成为时下各地脱贫攻坚和乡村振兴的重要抓手。

图1-6　小龙虾在稻田中悠闲地活动

图1-7　稻中有虾，虾中有稻

4 我国为什么要发展稻虾综合种养产业?

一是农业供给侧结构性改革的需要。2020年中央1号文件指出，要深入实施优质粮食工程，推广种养结合模式（图1-8），继续调整优化农业结构，打造地方知名农产品品牌，增加优质绿色农产品供给。大力推进农业现代化，必须着力构建现代农业产业体系、生产体系，推动农林牧渔结合、种养加一体、一二三产业融合发展，提升产能、品质和效益，让农业成为充满希望的朝阳产业。二是“一控两减三基本”的需要。“十二五”期间，我国农业部门积极倡导绿色增产模式，提出了这一目标。其具体内涵：“一控”即控制农业用水总量和农业水环境污染；“两减”即化肥、农药减量使用；“三基本”即畜禽粪便、地膜、农作物秸秆基本得到资源化利用和无害化的处理。稻虾综合种养生产中既种稻又养虾，实行“一水两用”，是农业节水的典型模式（图1-9）。同时，因大部分化学农药、颗粒型化学肥料对小龙虾均有毒副作用，迫使农户选择低毒、高效、安全的化学农药、化学肥料并减少用量，而且小龙虾对稻田害虫和杂草有一定的捕食作用，能够在一定程度上控制水稻病虫草害的发生，从而减少化学农药施用量。种养户自觉使用有机肥替代化学肥料，一方面满足水稻生长需要，另一方面为小龙虾培育饵料生物，避免颗粒型复合（混）肥被小龙虾误食从而发生致病、致死现象，同时小龙虾的排泄物和残饵又可作为水稻的有机肥料，因此化学肥料的投入量大幅减少。稻虾综合种养作为绿色、

图1-8 生机勃勃的稻虾田

图1-9 稻花飘香虾正肥

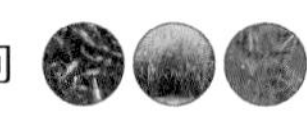

健康、生态、经济、高效的生产方式，在倡导生态、环保、可持续的发展理念下，符合高效农业发展的目标。三是脱贫攻坚和乡村振兴的需要。“一稻两虾”“一稻三虾”等模式种养周期短、综合效益高，已成为当前脱贫攻坚和乡村振兴的“短平快”项目。

5 我国稻虾综合种养发展的现状是什么？

据统计，到2020年年底，我国稻渔综合种养面积已达3800多万亩，其中稻虾综合种养面积约占60%。稻虾种养模式尚以“一稻一虾”的虾稻连作为主，高产高效的“一稻两虾”“一稻三虾”等模式虽已在江苏大面积推广应用，但在湖北、湖南、安徽、江西、四川等稻虾主产区尚缺乏宣传，还没有推广开来，需要各地农业技术推广部门大力开展技术培训、技术指导和技术示范。许多地区稻虾共作还是流于形式，实质上是环沟养虾（图1-10至图1-12）。由于种植的水稻植株偏矮，期间又要搁田，在确保粮食生产的前提下，小龙虾很难进入稻田生活，即使进入稻田也很难生存，就更不能正常生长了。虾和稻永不会“见面”，稻虾互利共生难以实现。因此，小龙虾产量低，个头小，效益差。稻虾田使用的肥料、饲料、农药、菌剂等投入品质量良莠不齐。由于缺乏监管，没有市场准入这道“防火墙”，种养户使用的投入品对小龙虾的伤害极大，肥害、药害问题频出，但因种养户对这些产品质量辨识力不强，在遭受损失后，很难识别是哪方面因素引起的，无法索赔。因此，筛选和选育适合养殖小龙虾的专用水稻品种显得尤为必要（图1-13），也是未来科研人员新的研究方向。

图1-10　稻虾田环沟养虾

图1-11　生产上随处可见的环沟养虾稻田

图1-12　稻虾田环沟养虾产量低

图1-13　科研人员在稻虾田论稻观虾

6 稻虾综合种养如何才能可持续发展？

一是各级地方政府要有明确的总体规划，在沿湖、沿河、沿江等水资源比较丰富的地方发展稻虾综合种养产业，避免盲目或无序发展。二是政策支持要持续跟进，对于稻虾共生这个新兴产业，政府一定要在基础设施建设、优质苗种繁育、配套投入品研发上给予大力支持，同时重点培育典型示范区或经营主体，以起到示范带动作用。三是产业布局要合理。应加强产业规划，实现一二三产业融合发展，实现养虾、吃虾、钓虾“三虾”产业协同发展（图1-14），延伸产业链。四是要明确主推品种和模式。稻虾田水稻品种多而杂，稻、虾难以和谐共生，所谓的稻虾共作大多为稻田环沟养虾，小龙虾产量很低。稻虾田水稻品种要选择适宜稻虾田生长的专用水稻品种，一般要具有“高富帅”特质（图1-15）。

图1-14　农旅结合的稻虾田

图1-15　寻找稻虾田“高富帅”水稻品种区试

"高"即高秆（耐水淹）、高抗（抗病虫）、高产（丰产性好），"富"即营养丰富（米质优），"帅"即后期挺拔（抗倒伏、熟相好）。一般小龙虾要具有"白富美"特质。"白"即腮白、腹白、肉白，"富"即营养丰富（虾品质优良、含肉率高），"美"即体型匀称，避免虾体头大尾小，体态明显失衡。苏南、苏中适宜推广"一稻两虾""一稻三虾"模式，而苏北适宜推广"一稻一虾""一稻两虾"模式。五是要健全稻虾综合种养技术体系。现在稻虾综合种养推广的速度远远超越科研的进度，需要大专院校、科研院所根据生产上出现的新问题，不断地开展攻关研究，诸如筛选专用水稻品种和优质小龙虾苗种，研发稻虾田专用配套的肥料、饲料、生物菌剂等投入品，以及水稻大苗机插、小龙虾自动捕捞、自动投饵等专用机具。六是技术培训要专一。目前专业从事稻虾综合种养的技术人员队伍力量比较薄弱，真正专业的人并不多，因此在面向种养户培训时，很难将稻虾综合种养技术关键点讲清楚，种养户在实际操作时还存在很多盲区或误区。七是要打造品牌效应。稻虾田的水稻俗称"虾田米"，由于化肥、农药大幅减少使用，稻米品质和质量安全指标大幅提高，但多数"虾田米"未实现优质优价，缺少品牌效应。同样，小龙虾产品也没有实现优质优价。今后应着力打造"虾田米""稻田虾"等区域品牌，以提高稻虾种养的综合效益。

7 我国稻虾综合种养未来发展的趋势是什么？

一是从传统的"一稻一虾"向现代的"一稻多虾"发展。如"一稻两虾""一稻三虾"甚至"一稻四虾"等。二是从自繁自育向"茬茬清"发展。小龙虾长期自繁自育、近亲繁殖已经导致种质退化，诸如个体小、病害重、繁殖率低、生长缓慢、商品性差等。最好的养殖方法是"茬茬清"，即投优质亲虾育好苗、投优质虾苗养大虾，做到每季繁殖或养殖结束就彻底清塘，再进行下一季繁殖或养殖。繁出的虾苗规格整齐，养出的成虾大小一致。三是从"大养虾"向"养大虾"发展。近几年稻虾产业的快速发展确实解决了市场供不应求的问题，同时也带来了价格的快速走低，尤其是小规格虾、虾苗价格在2020年跌到了几元钱一斤[①]。但是大规格成虾（体重在40克/尾以上）的小龙

① 斤为非法定计量单位，1斤＝500克。——编者注

虾市场价格却一直比较稳定，尤其是“两虾”价格更高（图1-16）。小龙虾产业今后的发展趋势必然是从过去的“大养虾”向未来的“养大虾”转变。未来小龙虾养殖业要向苗种优质化、繁养标准化、投入品专用化、成虾精品化方向发展。生产方法就是实行繁养匹配、繁养分区、繁养轮转。四是错时繁养和错峰上市。自然状态下的小龙虾无论是苗种还是成虾，江淮地区集中上市期都是5—6月，南方省份略偏早，北方省份略偏晚。错时繁养、错峰上市就是提早或推迟繁殖、养殖，实现均衡上市，提高繁养效益。同时，还能满足稻虾田的休养生息，降低稻虾田周年泡在水中造成土质劣化的风险，满足市场对精品虾的需求。五是稻虾田从单一养小龙虾向多样化养殖发展。如“稻鸭虾”（先稻虾、再稻鸭或者先稻鸭、再稻虾等）、“稻虾蟹”（先稻虾、再稻蟹或者先稻蟹、再稻虾等）、“稻虾虾”（先稻前养殖小龙虾、再稻中养殖澳洲龙虾或者青虾或者罗氏沼虾等）、“稻虾蛙”（稻前稻后养虾、稻中养蛙）等。六是稻虾田实行种养全程智能化管理。随着智慧农业的兴起与发展，未来稻虾田的施肥、插秧、投饵、病虫防控、捕捞及水质调控等均实行智能化管理。七是实现一二三产业融合发展。未来稻虾田将是开展农业观光旅游的优良资源，养虾、吃虾、钓虾“三虾”产业将会蓬勃发展（图1-17）。实现农旅结合，以便延伸产业链，进一步提高经济效益。有眼光的企业家已经将“稻田画”艺术搬进稻虾田（图1-18），大力发展农业观光旅游，建设美丽乡村。八是小龙虾繁养将逐步从自然稻田转

图1-16 稻田养大虾

图1-17 稻虾田里钓龙虾

向设施繁养（图1-19），在实现周年均衡保供的同时，避免发生要稻还是要虾的纷争。

图1-18　稻虾田里有文章有图画

图1-19　设施养殖小龙虾

第二章 稻虾产业的田间工程

稻虾产业基地如何科学规划布局?

一是区域优势明显。稻虾产业基地应选择在水源充足且水质好、土壤肥沃且土质偏黏、交通便捷且物流基础好的地方，一般选择在沿江、沿湖、沿运、沿河、沿水库区域适度规模发展（图2-1、图2-2）。丘陵地区土地高低不平、田块大小不一，不适合发展稻虾产业（图2-3）。二是一二三产业布局合理。稻虾种养业应与稻谷、小龙虾仓储、加工、物流、餐饮、休闲旅游等产业协同发展，不能顾此失彼，产业链应完整，逐步形成产业集群。三是建设典型示范区。在稻虾产业发展核心区精心打造典型

图2-1 相对集中规模发展

示范区，使其水系配套、路网通达、田块标准、设施齐全、种养耦合、操作规范等，并以此辐射带动周边地区共同发展。四是育繁推加技术人才队伍健全。围绕稻虾产业链的各方面技术人才不可或缺，应让专业的人干专业的事，支撑起整个产业的健康发展。五是打造区域特色品牌。在“虾田米”“稻田虾”等特色农产品及稻虾田“专用水稻品种”“优质虾苗”等市场开发上打造区域特色品牌，实现优质优价，不断提升优质稻种和苗种的品牌影响力。

图2-2　统一规划的稻虾扶贫产业园

图2-3　丘陵地区田块小，挖环沟养虾会严重减少水稻种植面积

 稻虾产业基地建设如何适应全程机械化作业？

稻虾田适合全程机械化作业的配套田间工程俗称“三大（大田块、大环沟、大田面）一道（农机具出入通道）”。

大田块：选择交通便利、附近有清洁水源、田面平整，土壤质地偏黏、保肥保水性好、面积为30～60亩的田块作为一个稻虾田种养单元（图2-4）。因此，必须在土地流转后进行稻虾田合理规划和施工建设。

大环沟：大环沟应符合“四度”指标要求。一是宽度。应严格执行沟田占比不超过10%的行业标准规定。沿田块内侧四周在距田埂2米处开挖上沟宽4～6米、底宽2～3米的环沟（图2-5）。二是深度。田面以下深1.2～1.5米。三是坡度。坡比1 ：（1.2～1.5）。四是高度。挖沟的土方用作加高加宽加固四周田埂，埂高1.5米以上。

大田面：田面不开“十”字或“井”字沟，便于耕田、耙地、插秧、收割等全程机械化作业（图2-6）。

一道：选择在田面与田埂和交通干道连接处构建农机具和人员进出的通道（图2-7），通道底部埋设涵管，确保环沟水系畅通，通道宽度一般为4米左右，呈斜坡状。

图2-4　占地50亩的稻虾种养单元

图2-5　大环沟可相应加宽而不应超标

图2-6　稻虾田中间平整的田面

图2-7　稻虾田的农机具通道建设

10 稻虾产业基地的围网如何建设？

为避免稻虾田里的小龙虾被盗和外逃及陆生、两栖类天敌入侵，必须在稻虾田周边构建“两网”，即防盗网和防逃网（图2-8）。一般防逃网在内、防盗网在外（图2-9）。在稻虾种养区域四周圩埂边用金属围栏构建防盗网，防盗网一般用公路围栏的材料制作，防盗网与防逃网之间最好保持一定的距离，以便维护修缮。一般用加厚聚乙烯塑料膜作防逃网（图2-10），底部埋入土中10～15厘米，地上部高30～40厘米，防逃膜外侧用木桩固定，木桩间距1.5～2.0米。防逃网既不能做得太高，防止刮大风时被撕开，也不能做得太矮，以免小龙虾翻越逃跑。在基地或园区主入口、进排水口或偏僻地带安装监控设施（图2-11），以确保安全生产。

图2-8 稻虾田外围的防盗网和防逃网

图2-9 稻虾田“两网”建设

图2-10 构建防逃网

图2-11 在关键位置安装监控设施

11 稻虾产业基地的水利工程如何建设？

为保持稻虾田内水质优良，避免排出的废水与灌入的水源再次交汇污染，必须建立相对独立的进排水设施，俗称“两水”，即灌水和排水。灌水：建立泵站、渠（管）道等引水设施，将清洁水源引灌入田，一般建成硬质化进水渠道（图2-12）。进水口用80～100目滤网封实，防止有害生物的卵或幼体侵入及小龙虾外逃。排水：一般通过涵闸和渠道将稻虾田废水排入专门的人工湿地进行净化，再循环利用。因许多鱼类有溯水上游的习性（图2-13），排水口也应用80～100目滤网封实，防止有害生物的卵或幼体入侵及小龙虾外逃。进排水渠道布局一般采用相邻的两块独立的稻虾田中间进水渠和排水渠相间设置（图2-14、图2-15）。

图2-12　构建稻虾田硬质化进水渠

图2-13　逆水逃逸的小龙虾

图2-14　相邻的稻虾田中间应有一条进水渠

图2-15　相邻的稻虾田中间应有一条排水渠

12 稻虾产业基地需要哪些配套设施?

一是电力设施。稻虾生产过程中进水、排水、增氧（图2-16）、加工、自动投饵、自动监控及生活用电等都离不开电力，因此规模化的稻虾生产基地必须建好电力设施（图2-17），尤其是需要增容的动力电。二是捕虾器具。捕获成虾、苗虾的大眼地笼、小眼地笼、超长的固定笼、较短的手抛笼，以及收虾用的小船或排筏（图2-18）、装虾用的虾框、虾笼等，均要按需购置备齐。三是投饵设施。自动投饵机、投饵台、投饵机动船，以及人工投饵常用的盆、框、篓等也应按需备齐。四是监控设施。为确保安全生产，在规模化的稻虾产业基地关键的部位应安装监控设施，便于防逃防火防盗保安全。另外，有条件的企业、合作社或家庭农场等可在稻虾田安装水环境自动监测系统（图2-19），便于时刻掌握稻虾田的水质状况。五是仓储设施。规模化的稻虾产业基地应具备必需的仓储设施，如肥料、饲料、药剂、器具、稻谷、小龙虾等仓储用房，同时还需要一定的生产管理、监测等用房。六是加工设施。规模化的稻虾产业基地应建有优质稻米加工和小龙虾加工设施，以便打造优质农渔产品品牌，提高经济效益。

图2-16 稻虾田环沟内的微孔增氧设施线

图2-17 稻虾田上空的输变电线

图2-18 便于田间监测劳作的排筏和小船

图2-19 稻虾田水环境自动监测系统

第三章 稻虾产业的绿色生产关键技术

13 如何选择适宜的水稻品种?

近年来笔者的科研团队开展的稻虾田水稻品种区试（图3-1）和生产示范表明稻虾田水稻品种应具有“高富帅”特质。“高”有三层含义。一是高秆。水稻植株株高应在1.2米以上，夏季田面水位可达30厘米以上，在深水环境下能够正常生长。二是高抗。对水稻主要病虫害具有良好的抗性，在不用或少用化学农药的情况下，水稻产量不受严重影响。三是高产。水稻的产量应达600千克/亩以上。“富”即营养丰富，米质优良，食味纯正，口味佳、价格高、效益好，或是水稻有特色，如彩色稻（图3-2）、降糖米等。“帅”即后期水稻植株挺拔抗倒，在不搁田或轻搁田、长期在高水位环境中不倒伏，且后期秆青籽黄熟相好。另外，稻后准备繁殖早苗或养殖反季节“稻后虾”的稻虾田，水稻还应选择早熟品种，利于早让茬、早种植繁苗或养殖反季节“稻后虾”需要的水草。繁殖早苗或养殖反季节“稻后虾”的稻虾田水稻一般在国庆节前后收割完成，还能确保“虾田米”早上市。时下植株偏矮、生育期偏长的优质粳稻品种大多不适合稻虾田种植，而适合稻虾田种植的早熟抗倒型高秆水稻品种米质一般都达不到优质米标准。

丰优香占适合稻虾田种植（图3-3）。该品种是由江苏里下河地区农业科学研究所选育而成，于2003年通过国家审定（编号：国审稻2003056），全生育期143天。株高120厘米，株型紧凑，茎秆粗壮，叶片挺拔上举，分蘖性中等。平均亩产600千克以上。米质优，加工品质和蒸煮品质好，适宜在江西、湖南、湖北、江苏、安徽、浙江等长江中下游小龙虾主产稻区种植。另外，扬州大学等单位选育的扬产糯1号（图3–4）、合肥丰乐种业股份有限公司选育的丰两优4号等水稻品种均适合在稻虾田种植。

图3-1　稻虾田水稻品种区试现场

图3-2　稻虾田也可以种植彩色稻

图3-3　高秆优质水稻丰优香占

图3-4　扬产糯1号

14 水稻如何播种、育秧？

稻虾田最好的育秧方式是钵苗育秧。采用专业的钵苗播种机播种（图3–5），在秧田或水泥地或工厂化设施内培育，育成25～30天长秧龄带有钵形土球的壮秧（图3–6至图3–8），以便大苗机插。

图3-5　自动化钵苗播种机

图3-6　水稻钵苗在水泥地上健壮地生长

图3-7　长秧龄钵苗

图3-8　生长健壮、根系发达、便于机插的钵苗

15　水稻如何栽插才能控制草害？

新开发的稻虾田可以用侧深施肥插秧一体机进行大苗机插。但长期淹水达2～3年的稻虾田畦面为淤泥土，一般的插秧机很容易陷入其中，此时应用深泥脚侧深施肥插秧一体机插秧（图3-9）。稻虾田的水稻应宽行宽株栽插，适宜栽插密度一般株行距为（30～33）厘米×（15～20）厘米，每亩1.0万～1.5万穴。密度过高不利于小龙虾进入稻田中间活动，而宽行宽株有利于稻虾田中下部通风透光，减轻稻虾病害发生，同时为小龙虾开辟高速通行的道路，利于其在稻间来往穿梭取食害虫和杂草。同时还可以将缓释性稻虾专用肥一次性施入稻根附近，以免在“稻中虾”养殖过程中撒施颗粒型肥料引起小龙虾误食，从而诱发肠炎造成死亡。长秧龄钵苗机插是未来稻虾田水稻栽插的主要方式，因其无缓苗期（图3-10），有利于早上水、上深水，能够控

制稻田杂草发生和危害；同时有利于小龙虾早进稻田取食新发的田间杂草，并快速生长，避免在环沟中高密度暂养从而导致自相残杀现象发生。

图3-9　深泥脚侧深施肥插秧机作业现场

图3-10　栽插后的钵苗没有缓苗期

如果机插推广普及不到位，还可以进行大苗人工栽插，此时秧龄可放宽到35天左右，生育期偏长的水稻品种可提前育秧，30厘米 ×20厘米宽行宽株栽插。稻虾田如果开发乡村旅游需要构建彩色图案或文字（图3-11），利用彩色稻秧苗进行人工点对点种植。

图3-11　成熟期的彩色稻

大苗栽插是很好的控草方略。长秧龄大苗栽插主要有利于控制稻虾田的杂草危害。通过秧苗栽插后缩短缓苗期，早上水、早放虾，以水压草、虾

吃草的方法控制杂草滋生（图3-12），因为化学除草剂对小龙虾生长具有极为不利的影响。

图3-12　长秧龄水稻栽后深水养大虾的稻虾田

生产实践还表明：只要水稻育秧期把控得当，即使秧龄稍长，移栽期稍晚，水稻的产量也不会受到严重影响。如高邮市临泽镇营西村李兵种养户采用40天秧龄栽插的扬产糯1号和丰优香占（图3-13），最后水稻产量依然分别达到671千克/亩和617千克/亩。但若栽插密度太小，则水稻产量难以保证，不要触犯产量不低于500千克/亩的红线。

小苗机插杂草难控（图3-14）。目前生产上小苗机插（如18天秧龄）方式由于前期缓苗期长，上水慢，上水浅，虾苗不能进稻田，易滋生杂草，如不采用化肥除草或人工拔除，极易形成草害，因此小苗机插不适合稻虾田采用。

图3-13　丰优香占后期长势

图3-14　小苗机插杂草难控（无副埂）

16 稻虾田水稻如何收割?

虾苗繁殖区的稻虾田呈现出一派稻丰虾肥的景象（图3-15），水稻一般采取留高茬机械收割。收割前降低水位使田面沥干（图3-16），便于机械作业，同时通过低水位胁迫将“稻后繁苗”的小龙虾亲本逼入洞穴中交配产卵。收割时留茬高度为30～40厘米（图3-17），以便通过调控水位控制水稻秸秆腐烂速度，达到冬季低温肥水控制青苔发生的目的，同时利用秸秆垒垛作为小龙虾幼苗的藏身之所（图3-18），有利于避寒越冬。

图3-15　稻丰虾肥

图3-16　提前降水消毒准备收割的稻虾田

图3-17　水稻留高茬机械收割

图3-18　收割后遗留的水稻高茬秸秆、已粉碎的垒成垛

17 水稻秸秆如何处理和利用?

稻虾田的秸秆提倡全量还田，通过科学管理能够解决冬季低温肥水难和小龙虾早苗繁殖、小苗越冬避寒两大难题。无论是稻后开展小龙虾繁苗还是翌年养殖稻前虾，水稻让茬后都要种植水草，同时开展肥水控苔，而整个冬季气温较低，肥水困难多。通过控制秸秆的腐解速度来持续肥水达到事半功倍的效果，既达到了肥水的目的，又节约了肥料的投入。具体操作方法：首先进行秸秆垒垛，最好在收割机上安装自动垒垛装置将粉碎的秸秆垒垛，如没有装置则需通过人工将散落在田面上的秸秆归拢，垒垛成长条形或垛形草堆（图3-19），间隔分布在稻虾田中，高度60厘米左右；然后施用秸秆腐解菌，根据田间的水色和透明度适时在草堆中间喷洒秸秆腐解菌剂；水色清澈时统一使用，水色较重呈茶色或褐色时少用或不用；最后控制水位，根据田间的水色和透明度适时升降田面水深，以控制秸秆腐解速度，一般前期（10—11月）为5～10厘米，中期（12月至翌年2月）30～60厘米，后期（翌年3—4月）60～30厘米。通过秸秆的肥水和遮光作用控制冬季青苔的滋生和危害，同时利用秸秆形成的有机碎屑充当小龙虾的饵料，实现对水稻秸秆全量还田资源化循环利用。但是如果处置不当，会导致秸秆集中腐烂，导致水质败坏，形成黑臭水，影响小龙虾生长发育，甚至导致亲虾、仔虾大量死亡。秸秆草垛另外的作用就是充当冬季小龙虾幼苗的避寒所（图3-20）。小龙虾的早苗一般在10月孵化出来，随着气温降低，无打洞能力的小龙虾幼苗大都在野外越冬，此时的秸秆草垛就成了小龙虾的天然暖房，能够让它们顺利越冬。

图3-19　水稻秸秆垒垛示范现场

图3-20　草垛是小龙虾越冬的避寒所

18 如何选择优质小龙虾苗种？

好种出好苗，好苗养大虾。小龙虾养殖的产量高低、品质优劣的关键是苗种。优质虾苗应具备六个条件。一是种性好。选择亲虾经人工长期驯养、异地配组和繁育标准化操作生产出的高活力的小龙虾苗种。二是规格整齐。虾苗的大小应基本一致，整齐度达80%以上，虾苗个体大小差异越大，则自相残杀概率越高。三是大小适中。提供养殖的虾苗一般体长为4厘米左右，约300尾/千克。虾苗偏小则抗应激能力差、成活率低，虾苗偏大则养殖周期短、性价比差。四是壳体青色。体色一致的青壳虾苗（图3-21）生长速度快，养成的规格大；壳体通红的为劣质虾苗（图3-22）。五是体质健壮。虾苗壳体较硬、肠道粗细均匀、没有断节或空肠、肝脏金黄色等。六是活力强。虾苗行动快速（图3-23）。

图3-21　壳体青色的优质虾苗

图3-22　壳体通红的劣质虾苗

图3-23　虾苗优劣活力强弱的现场鉴别

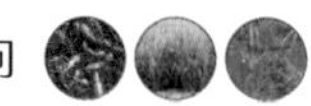

19 小龙虾苗种如何包装、运输？

无论是种虾还是虾苗都应采用科学的运输方法，以便最大限度地减少应激反应和机械损伤，提高成活率。用尼龙网袋或者无水草垫底的虾框包装小龙虾苗种都不合适（图3-24），因为苗期的小龙虾蜕壳频繁，在运输过程中往往处于蜕壳期或刚刚完成蜕壳，如遭遇上下、前后和左右挤压，小龙虾苗种会严重受伤，导致投放后大量死亡（图3-25）。虾苗的包装应采用四面镂空的硬质虾框装运（图3-26），一般在箱体底部放1/2容积的水草，水草以上1/2空间存放虾苗。正确的运输方法是将装有虾苗的虾框层层叠放，并用绳索固定，用带有空调和淋水设施的专用厢式货车运输，保温、保湿以降低虾苗的应激反应（图3-27）。虾苗起运时间一般选在日出前或日落后，或者选择阴雨天，尽量避免虾苗遭受风吹日晒，更应杜绝将虾苗长时间暴露在正午前后的烈日下。种虾的包装和运输与虾苗一样。

图3-24　用尼龙网袋包装种虾

图3-25　错误的种虾运输方法

图3-26　用四面镂空的专用虾框装虾

图3-27　用虾苗池的水淋湿所有虾框

20 小龙虾苗种如何科学投放？

运抵目的地稻虾田后，首先应用3%～4%的食盐水将种虾、种苗浸浴2～3分钟消毒（图3-28），也可以用生物消毒剂（如蛭弧菌）泡种虾、种苗以杀灭小龙虾本身携带的弧菌等。然后再放置到环沟水边试水，使虾苗或种虾逐步适应稻虾田的水温和水质（图3-29）。最后将虾苗或种虾倾倒在沟边的水草上，由其自行入水（图3-30），万万不可直接将其倒入水草较少的深水区，以免造成虾苗或种虾窒息死亡（图3-31）。

图3-28　虾苗使用食盐水消毒

图3-29　小龙虾苗投放前的试水流程

图3-30　将虾苗放水草上自行入水

图3-31　错误的种虾投放方法

21 小龙虾养殖的合理投放密度是多少?

小龙虾的投放密度因养殖季节不同、水体环境不同而有一定的差异。若是“稻前虾”养殖，在3月水草丰盛时节（图3-32），一般在3月中旬，就近选择优质虾苗或用自主培育的虾苗，每亩投放6000尾左右比较适宜；若是“稻中虾”养殖，因夏季水温高，田面水位较浅，水温要比环沟高，大部分小龙虾喜欢在温度相对较低的环沟中生活，所以密度要大幅降低，以避免自相残杀现象发生，一般在6月中上旬每亩投放4000尾左右比较适宜；如是“稻后虾”养殖，一般10月初在水稻收获后立即种植水草，可在10月底投放小龙虾秋苗，由于小龙虾又可以在全田中活动，每亩投放数量又可增加到6000尾左右。生产上虾苗的投放数量一般采用称重计数法，即稻田面积测量好以后，再根据虾苗的平均体重，最后称虾苗的体重（图3-33），多点投放于稻虾田。

图3-32　早春水草生长良好时可以投放虾苗

图3-33　虾苗投放时称重

22 小龙虾虾苗投放如何操作和抗应激反应?

小龙虾虾苗投放应注意四个环节。一是投放时间。小龙虾的最佳投放时间可选择在日出前或日落后，尽量不要在正午时分阳光照射最强的时候投苗（图3-34），最好选择在阴雨天投苗。二是盐浴消毒。虾苗投放前，应用

3%～5%的食盐水浸浴2～3分钟消毒（图3-35）。三是水边试水。将装有虾苗的虾框放置到稻虾田环沟水边试水，使虾苗逐步适应稻虾田的水温和水质，一般应持续10分钟左右。四是自行入水。放苗时应将虾苗倾倒在环沟边的水草上，由其自行入水（图3-36）。虾苗进入稻虾田后应泼洒抗应激物质，如泼洒维生素C、维生素E、多糖类物质等（图5-37），具体使用量和使用方法按产品的说明执行，以增强虾苗体质、提高抗应激能力、降低死亡率。

图3-34　避免在阳光强烈时投放虾苗

图3-35　盐浴时添加维生素C、多糖等抗应激类物质

图3-36　将虾苗倒在环沟边的水草上

图3-37　投放时采取抗应激措施

23　小龙虾投放后出现的死虾如何处理？

小龙虾苗种投放后的前3天，一般体弱的虾苗或在育苗塘抓捕、运输过程中受到挤压或摩擦受伤的虾苗会出现集中死亡（图3-38），应持续从投放区域

的水底或水面捞出死虾并深埋，以免腐烂后败坏水质。

图3-38　应及早捞出死虾谨防坏水

24 小龙虾体重增长的规律是什么？

小龙虾的生长具有一定的规律，江淮地区稻虾田养殖小龙虾的虾体重增长曲线十分显明（图3-39）。虾苗平均初体重为2.01克/尾（500尾/千克），放养密度为6190尾/亩，经过100天的养殖，平均体重达到52.91克/尾。虾的体重增长呈S形曲线，符合Boltzmann模型，养殖时间和虾体重拟合的生长方程：$W=(-1.80-52.91)/[1+e(t-40.48)/14.90]+52.91$，生长拐点为在养殖40.48天时，体重为25.56克/尾，养殖60天时，体重可达50克/尾以上。由此可见，小龙虾的快速生长期是放苗后的20～60天，最经济养殖时间约为45天，养殖周期最长不超过60天，虾苗苗龄越大，养殖周期越短。但是，在养

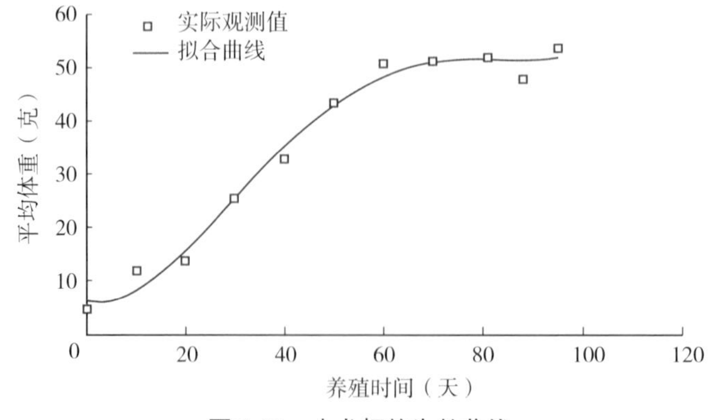

图3-39　小龙虾的生长曲线

殖过程中，小龙虾一旦有应激反应，就会偏离正常生长轨迹。因此，减少小龙虾应激反应是养好小龙虾的前提。

25 小龙虾摄食习性是什么？

小龙虾是杂食性动物，具有杂食特性。水底的有机碎屑、底栖生物及水体中的水草、藻类、水生昆虫都是小龙虾的天然饵料，当然它也摄食小鱼、小虾、贝类等活物，甚至在饥饿的时候残杀同类。小龙虾正因为食性杂，所以生命力很强。在小龙虾的养殖过程中这些天然饵料充当了小龙虾的“主食”，而投喂的人工饲料则成为“副食”，这样才能大幅节省养殖成本。

小龙虾摄食活动具有明显的昼夜节律，晚间摄食活动明显多于白天，其摄食量在6：00达到最高，18：00最低。小龙虾摄食的最适温度为20～28℃，水温低于8℃或超过30℃时摄食量明显减少，且蜕壳减少、生长速度缓慢。小龙虾植物性营养物有植物秸秆、谷物、油脂饼、蔬菜、牧草、藻类和水草等。多年的生产实践证明，稻虾田水花生（图3-40至图3-42）和伊乐藻（图3-43）这两种水草在小龙虾的天然饵料中具有举足轻重的作用。动物性营养物有浮游动物、水生昆虫、小型底栖动物、鱼虾、蚯蚓、蚕蛹、蝇蛆及各种动物的内脏、血液、尸体等。生存环境中食物极度匮乏时，小龙虾会发生自相残杀现象（图3-44）。

图3-40　水花生的嫩芽和嫩根是小龙虾最喜爱的食物

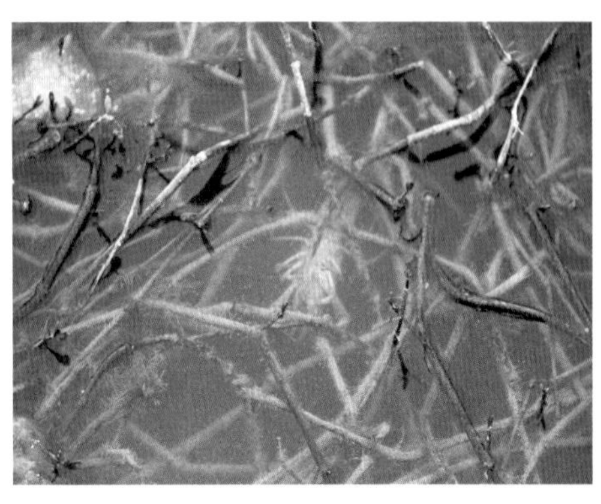

图3-41　小龙虾取食水花生的幼芽

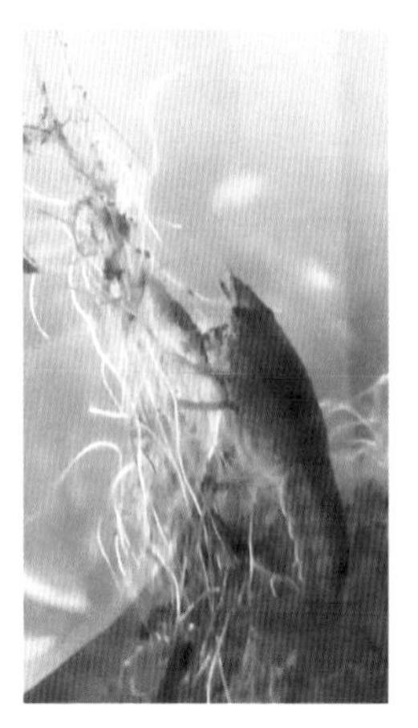

图3-42　小龙虾取食水花生幼根

图3-43　伊乐藻

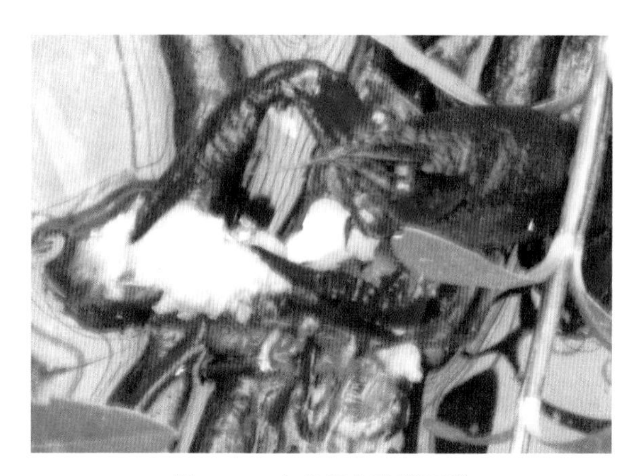

图3-44　小龙虾在残杀同类

小龙虾在不同的生育阶段对营养的需求有一定的差异性。就蛋白质营养来讲，小龙虾养殖的合理饲料蛋白质含量为28%左右，亲虾繁殖时用蛋白质含量为30%左右的饲料；仔虾培育时用蛋白质含量为32%左右的饲料。在蛋白质组成方面，一般植物性蛋白质与动物性蛋白质的比例约为3∶1。

26 小龙虾为什么容易钓上来？

小龙虾十分贪食，具有易诱特性。小龙虾极易受到食物的诱惑，尤其喜欢向带有荤腥味的食物处聚集以获取食物。因此，在地笼或其他捕虾器中投放荤腥类诱饵极易捕捉到小龙虾（图3-45），一般在晚上投放捕虾器具、早晨收虾。另外，在投饵台上投放一些荤腥类诱饵，可以快速吸引小龙虾前来觅食，同时可以观察其健康状况与生长情况。成虾捕捞一般采用地笼诱捕，晚放早收。在开发休闲娱乐的稻虾田，可以用动物的内脏做诱饵，能够很轻松地钓虾取乐（图3-46）。

图3-45　利用地笼诱捕“稻前虾”

图3-46 小龙虾因贪食很容易用诱饵钓上来

27 如何避免小龙虾自相残杀？

小龙虾具有自相残杀特性，在食物缺乏、空间变小、雌雄比例失衡等不良环境胁迫下更容易发生。究其原因主要有三个方面。一是争地盘。小龙虾有较强的领地占有与保护欲，先占领地盘的虾是不会拱手相让于后来者的（图3-47），因此必须通过战斗来解决。放养密度一旦过大，生存空间变狭小、活动环境变拥挤，极易诱发密度应激效应，会出现相互残杀并互食的情况（图3-48）。二是争食物。在小龙虾生存环境中，一旦群体过大造成饵料不足时，相互残杀现象十分严重。小龙虾处于严重饥饿状态时，群体之间极易发生恃强凌弱、以大欺小、欺软怕硬的现象。三是争配偶。自然界永恒的法则是适者生存，小龙虾也一样，以确保优势基因得以遗传。因此在繁殖季节，交配权的获得法则是胜者为王。在自然状态下，一般每尾雄性小龙虾会先后与多尾雌性小龙虾交配，放养的苗种雌雄比例一旦严重失调，自相残杀现象相应加重。

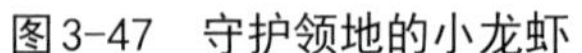

图3-47　守护领地的小龙虾

图3-48　被残杀后的小龙虾躯干

小龙虾自相残杀方式主要有三种。一是欺软怕硬。硬壳虾取食软壳虾（图3-49）。二是恃强凌弱。强势虾取食老弱病残的弱势虾（图3-50）。三是以大欺小。大虾取食小虾，当大小虾在一起时，如小虾不设法逃生或躲藏，则会成为大虾的腹中餐（图3-51）。因此，为降低自相残杀率，掌握合理的投放密度尤为重要，稻虾田投苗密度一般为4000～6000尾/亩。因此，苗种的生产日期、规格大小和产地要尽可能保持一致。生产上稻虾田投放虾苗时，同一稻虾田一定要杜绝屡次投放多家苗，应一次性放足同一产地的同一批虾苗。

图3-49　硬壳虾取食软壳虾

图3-50　被残杀的弱势虾

图3-51　大虾吃小虾

规避自相残杀的六大原则。一是把握好适宜的放养与繁殖密度（图3–52）。一般池塘主养每亩投放虾苗10000尾左右，“稻前虾”每亩投放虾苗6000尾左右（图3–53），“稻中虾”每亩投放虾苗4000尾左右（图3–54），“稻后繁苗”每亩投放亲虾50～70千克为宜，1500～2100尾；最高不超过75千克，约2250尾。二是营造良好的虾居环境。只有长好稻、护好草、调好水、控好病、除好杂，才能养好虾。其中种好水草、营造良好的虾居环境尤为必要，小龙虾喜阴怕光，常在光线微弱或黑暗时开始活动，因此稻虾田的环沟、非水稻生长季的田面均应移植适量的水草，如伊乐藻、水花生、轮叶黑藻等，一般草田比例（水草覆盖度）控制在50%左右，为小龙虾起到遮蔽、躲藏的作用，减少自相残杀。三是实行“茬茬清”的繁养分区。“茬茬清”投苗养殖或投种虾繁殖。无论繁或养都要一茬一茬地清，坚决杜绝三代同塘混养、套养现象发生。四是投苗养殖。禁止投性成熟不一致的亲虾自繁养殖，提倡投放规格整齐的虾苗养殖。但即使投苗养殖，虾苗规格差异越大，小虾被残杀的概率也越高，因此大小苗不能放在一起养殖。同样，人工培育虾苗时，应根据虾苗大小分群培育。研究发现虾苗体长规格在1.0～1.5厘米、2.0～2.5厘米、3.0～3.5厘米时，适宜的培育密度分别为40万尾/亩、30万尾/亩和20万尾/亩（图3–55）。五是控制好雌雄比例。控制好雌雄比例是小龙虾繁殖与养殖的又一关键点（图3–56）。在江淮、黄淮地区小龙虾的平均寿命在20个月左右，

图3–52　投放适宜密度的苗种

图3–53　水草丰盛的“稻前虾”养殖

图3–54　水草丰盛的“稻中虾”养殖

因此无论投放种虾还是虾苗，都必须选用1龄以内的种虾或种苗投放。自然环境下雌雄比例在1.2 ： 1左右，繁殖时雌雄比例在（2 ～ 3）： 1，而养殖时雌雄比例以自然值为佳，但即使在这种雌雄比例条件下，还有7%左右的自相残杀率存在，且雌雄比例越不平衡，自相残杀率越高。笔者在野外进行小龙虾种质资源调查时，也曾遇到过有些区域小龙虾群体以雄虾为主或者以雌虾为主的，优势雌雄比例甚至占80%以上，这一雌雄比例严重失调的现象究竟因何而起还有待进一步观察和探索研究。当然在特殊时期捕虾会有雌雄比例严重失调的现象发生。如在小龙虾繁殖季节初期捕虾，捕获的则多为雌虾，因为雄虾都在打洞，如在繁殖中期淹洞捕虾，则多为雄虾，因为雌虾都在繁育。如在早春小龙虾开始出洞时捕虾，大多为雌虾，因为在繁殖和越冬过程中雄虾消耗体力太多，许多都死在了洞穴中。六是调控好营养。稻虾田应注重科学投喂，但不能完全靠投饲料来养小龙虾，小龙虾的主粮应为稻虾田内的水生生物。小龙虾属杂食性水生动物，稻虾田中的水草、浮游生物、底栖生物等动物性饵料和植物性饵料均能被小龙虾摄食，这是小龙虾的“主食”。人工饲料仅是“副食”，投喂时还应注意饲料的种类、新鲜度、营养配比、适口性、投喂量、投喂方法、投喂时间等。投喂不当会造成饲料浪费和水质败坏。尤其是投喂量很难控制，一般生长中后期或生长旺季投喂量为虾体重的7% ～ 8%，其余季节或生长期为1% ～ 3%，关键是很难掌握准确的稻虾田存虾量。具体投喂时，还要结合实际情况，如天气、水质、水生动植物含量、剩余饲料量等。在投喂量上，最最科学的方法还是贯彻“茬茬清”的投种虾繁殖与投虾苗养殖的方法，存塘虾量比较清楚，贯彻养虾时虾饲比2 ： 1、繁殖时虾饲比1 ： 1的原则。

图3-55　小龙虾苗种培育时个体越大密度应越小

图3-56　雌雄小龙虾的识别：左为雌、右为雄

 稻虾综合种养田如何营造“最佳虾居环境”？

小龙虾具有喜阴怕光的特性，因此小龙虾喜欢阴凉的浅水湿地环境，水上有挺水植物为其遮阳，水面有浮水植物供其栖息，水下有沉水植物供其隐藏。一般的芦苇滩、菖蒲地及莲藕、茭白、慈姑等水生蔬菜田都是小龙虾的理想生活环境（图3-57）；稻田虽然也属浅水湿地，但水层偏浅，一般稻田的水深即使在炎热的7—8月水稻旺盛生长期也只有20厘米左右，而小龙虾适宜生存的水深在0.8～1.2米，因此稻田要养殖小龙虾必须进行田间改造，这就是稻田养虾要挖环沟的原因，而且还要在环沟内种植一定量的水草，因为夏季稻虾田田面水位浅温度高，小龙虾更喜欢在水位深温度较低的环沟内生活。目前，种植适合深水灌溉的“高富帅”水稻的稻虾田也是小龙虾的天堂（图3-58、图3-59）。

图3-57　小龙虾喜欢阴凉的湿地环境

图3-58　适宜小龙虾生长的稻虾田

图3-59　夏季水稻丛是小龙虾的天堂

29 稻田养殖小龙虾为什么要种植水草?

俗话说“无水草不养虾”“虾多少看水草”“虾大小看水草”。由此可以看出，种草养草是为养好小龙虾服务的（图3-60）。生产实践表明水草有六大功用。一是天然饵料。小龙虾是杂食性的，水草是其主要食物资源。二是遮阳避光。小龙虾喜阴怕光，水草能够为小龙虾营造良好的湿地生长环境。三是供其栖息隐藏。小龙虾天敌众多，又具有攀附、栖息和蜕壳生长的天性，尤其蜕壳时需要躲避敌害。四是净化水质。水草能吸收水体中过多的氮磷等营养物质，净化水质。五是稳定水温。小龙虾是变温动物，气候骤变会引起水温骤变，导致应激反应，水草有调节缓解水温作用。六是增加溶氧。水草通过光合作用持续向水体释放氧气，增加水体的溶氧量。尤其是“稻中虾”养殖正值夏季高温季节，稻虾田环沟又是小龙虾活动较为集中的场所，因此环沟水草种植好、养护好尤为关键（图3-61）。

图3-60 “稻前虾”全田营造良好的水草环境

图3-61 “稻中虾”环沟营造良好的水草环境

30 稻田养殖小龙虾种植什么水草好?

稻虾田适宜种植的水草有三大类：一是挺水型水草，如芦苇、蒲草，也可种植莲藕、茭白（图3-62）等水生蔬菜；二是浮水型水草，如水花生（图3-63）、蕹菜（俗称空心菜）、水葫芦、水浮莲、浮萍等；三是沉水型水草，如伊乐藻（图3-64）、轮叶黑藻（图3-65）、苦草（别称水韭菜）（图3-66）、眼子菜、菹草（别名麦黄草）等。经过多年的研究和生产实践表明，不同水草由于其生活习性和营养价值不同，对小龙虾的作用也各不相同。因此，不同季节养虾种植的水草也不尽相同。如“稻前虾”和“稻后虾”养殖及“稻后繁苗”繁殖适宜种植的水草有水花生、伊乐藻，而“稻中虾”养殖适宜种植的水草有水花生、轮叶黑藻、苦草等。

图3-62　稻虾田环沟四周种植的茭白

图3-63　适应性极强的水花生

图3-64　耐低温的伊乐藻

图3-65　耐高温的轮叶黑藻

图3-66　耐高温的苦草

31 稻虾田种植水花生会泛滥成灾吗?

水花生学名空心莲子草，具有耐高温、耐低温、多分枝、生长速度快、营养丰富、适应性强等特点，是多年生飘浮型草本植物。水花生适应性极强，在陆地、沼泽、水面上均可生长。其因繁衍生长速度快极易泛滥成灾，因此被列为中国首批外来入侵物种之一，是农田主要恶性杂草。但在稻虾田养殖小龙虾时水花生就会变为有益的水草，尤其在夏季高温季节其是养好“稻中虾”不可或缺的关键水草（图3-67、图3-68）。水花生在稻虾田种植时，主要在环沟、排水渠和水草补给区种植（图3-69），一般稻虾田埂边、田面禁止种植（亲虾驯养区可固定飘浮型种植）（图3-70）。水花生资源分布广泛，野外环境很容易获得时，不需要在水草补给区专门种植。稻虾田水花生只是在环沟中种植，且是一簇一簇地漂浮在水面种植，一般3～5米种植一簇，并在中部用竹竿或木棒插入沟底固定水花生（图3-71），或用绳索将其固定在环沟中部区域，防止被风吹到田面形成杂草，或接触到围埂泥土落地生根难以根除。水花生在有小龙虾存在的时候很难旺盛生长以致泛滥成灾，因为小龙虾喜欢栖息在水花生丛中，会持续摄食其幼芽和幼根，其种群难以快速繁衍扩大（图3-72、图3-73）。当不养小龙虾时，应将水花生从沟中及时捞除（图3-74），则不会形成农田杂草。但如果发现水花生疯长，则表明水体中小龙虾数量很少，很难控制水花生生长时，应考虑适时补投虾苗。因此有经验的养殖户可以通过水花生的生长状况评估稻虾田小龙虾存量，水花生多则虾少，水花生少则虾多，因此生产上有“看螺蛳知水质，看水花生知龙虾量”之说。

图3-67　稻虾田环沟内旺盛生长的水花生

图3-68　稻虾田环沟中均匀分布的水花生

图3-69　在稻虾田水草补给区种植水花生

图3-70　亲虾驯养区飘浮型种植的水花生

图3-71　在固定水面生长的水花生

图3-72　小龙虾取食水花生的幼根

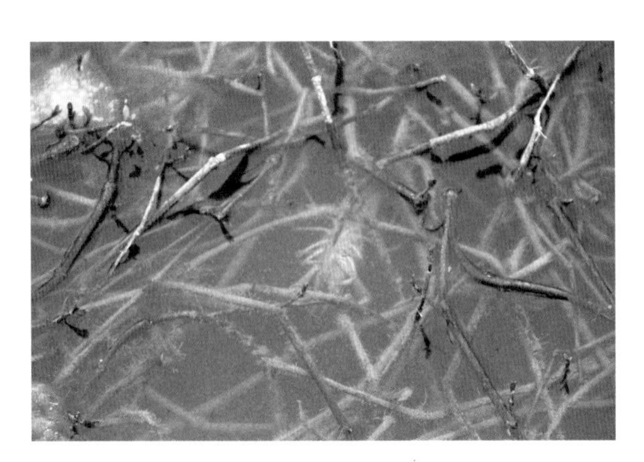

图3-73　小龙虾取食水花生幼芽

图3-74　稻虾田局部太多水花生时也可人工捞除

32 如何在稻田养殖小龙虾中用好水花生？

小龙虾出现大量“爬草”的现象，尤其是白天出现则多数是水体水质出现了问题，其本质是小龙虾出于自救而“爬草”。诸如水体缺氧，氨氮和亚硝酸盐等有害物质超标，水体菌相和藻相失衡，水体pH、硬度或碱度异常等。此时，应根据具体情况和严重程度，立即采取换水、套水或净水的方法，及时改善水质，避免引起严重的应激反应，导致小龙虾大量死亡。小龙虾在光线微弱或黑暗时会爬出洞穴或隐蔽处，开始觅食活动，吃饱后通常会攀附在水体中的水草上，当光线强烈时则沉入水底或躲藏于水草丛或洞穴中。小龙虾攀附栖息于水草上，一方面有利于在蜕壳时躲避敌害生物残杀，另一方面有利于在水质恶化时开展自救（图3–75、图3–76）。如当水中溶氧量较低，为1.0～3.0毫克/升时，小龙虾可攀附在水草上呼吸空气中的氧气，以维持生命；当水体溶氧量降至1.0毫克/升以下时，小龙虾活动明显减弱；低于0.5毫克/升时可造成小龙虾大量死亡。因此水体溶氧量一般要求达5.0毫克/升以上。在小龙虾的养殖过程中，由于水草能够起到隐蔽、遮光、支撑、净水、增氧、提供食物的功效，小龙虾便形成了明显的攀附水草的习性。一般情况下小龙虾喜欢栖息在水草丛中，抱着水草呈“睡觉”状，既能躲避天敌和强势同类的侵扰和伤害，又可休养生息利于生长，尤其是蜕壳时期的软壳虾更喜欢栖息在水草丛中（图3–77、图3–78）。

图3–75　小龙虾的“爬草”现象

图3–76　攀附在水葫芦中的小龙虾

图3-77　攀附在水花生上呈“睡觉”状的小龙虾

图3-78　躲藏在水花生丛中的小龙虾

在稻田养殖小龙虾水草的选择过程中，水花生的异军突起和意外获得重用及表现出来的突出效果堪称现代稻虾综合种养生态循环农业发展中变废为宝的经典案例。21世纪初，随着笔者同时研究水花生和小龙虾的不断深入，有了惊人的发现，稻虾共作离不开水花生，在稻田养虾水花生成了小龙虾的最喜爱的食物。在20世纪90年代中后期，这一对生物均被列入中国外来入侵物种“黑名单”，在水稻田中都是被清除的对象，如今却双双实现了华丽转身，走进了水稻田，而且还受到了人们的细心呵护和万分喜爱。它们从导致稻田“生态灾难”的始作俑者变成了稻田生态种养和谐共生提质增效的“生态福利”，真是令人难以置信。总而言之，这是科技对生产做出的重要贡献，一方面省去了各地政府每年在整治农村河道时要花大量人力物力和财力清除水花生的繁重工作；另一方面实现了水花生这种唾手可得资源的循环利用。对环境适应性极强的水花生耐热耐寒、生长速度快，又能源源不断地提供嫩芽和新根须等食材，是小龙虾繁育和养殖不可缺少的水草。

33　如何种植水草？

“稻中虾”的水草一般在环沟中种植，种植时间一般为5月初，约在投放虾苗前30天，以确保水草旺盛生长后为小龙虾营造良好的生长和栖息环境。环沟草的种植方法一般采用“点穴式”种植法，即一簇一簇地种，最好种植三层水草（图3-79、图3-80）。在稻虾田环沟中靠围埂一侧的水边种植挺水型水草和浮水型水草，如茭白、水花生等。浮水型水草应固定在环沟中部，不能随风随处移动。如水花生用足够长的竹竿从中部直插入水底固定或绑定在绳索上（图3-81、图3-82）。环沟两侧的水下坡面上、沟底种植沉水型水草，一般种植轮叶黑藻（图3-83）、苦草等。沉水型水草一般采用条带状种植

图3-79 “稻前虾”的三层水草

方法（图3-84），即先放草，再压土。无水时或浅水区种草，一般是用锹先挖一小坑，然后放入一簇草，再用挖出的土压在草上即可。深水区种草，可直接用铁叉叉草扎入泥土中即可。水草的覆盖度一般在30%～70%，以50%为宜。水草种植后应结合稻虾田肥水适时适量施用有机肥等以养护好水草、促进水草生长；“稻前虾”或“稻后繁苗”的水草应在田面条带状种植（图3-85），环沟草依然是“点穴式”种植，有条件的也可以采用浮床种植水草（图3-86），

图3-80 “稻中虾”养殖环沟三层水草组合

图3-81 “稻后繁苗”水花生木棒固定种植法

图3-82 环沟水花生拉线固定种植法

图3-83 环沟种植轮叶黑藻

水草覆盖率同样在50%左右。水草的选择与组合。“稻前虾”养殖或“稻后繁苗”繁殖，采用水花生+伊乐藻组合；“稻中虾”养殖，采用水花生（空心菜）+轮叶黑藻（苦草或菹草）+茭白组合。

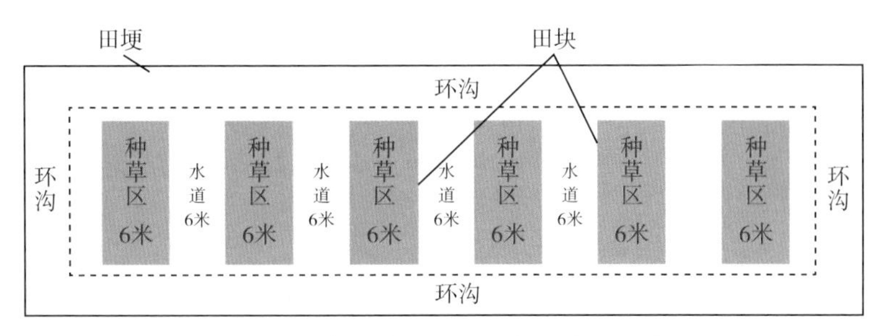

图3-84　稻虾田水草的合理规划布局示意图

图3-85　亲虾驯养区水花生条带状种植法

图3-86　稻虾田浮床种草

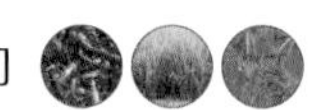

34 水草种植多少比较适宜?

水草是稻虾田水质恶化时小龙虾实行自救的重要载体，即通常所见的小龙虾“爬草”现象（图3-87），当无草可爬时，则只能被迫“爬坡”自救（图3-88）。因此，若稻虾田没有水草，或水草很少，或水草被过度取食（图3-89），小龙虾则无法生存。21世纪初开始用池塘养殖小龙虾大都失败就是这个原因，池塘里没有种植水草。养虾人一般都会在天黑后开始巡塘，一旦发现小龙虾大量“爬草”或“爬坡”，大多是水体环境恶化的原因。水质恶化大概有三类情况：一是水体缺氧；二是有毒有害污染物进入；三是有害生物滋生或天敌入侵。此时，应根据不同原因及时采取应对措施，如人工增氧、及时换水、清除野杂鱼等。如不采取积极的应对措施，小龙虾则会出现大面积死亡现象。

图3-87 “爬草”自救的小龙虾

图3-88 “爬坡”自救的小龙虾

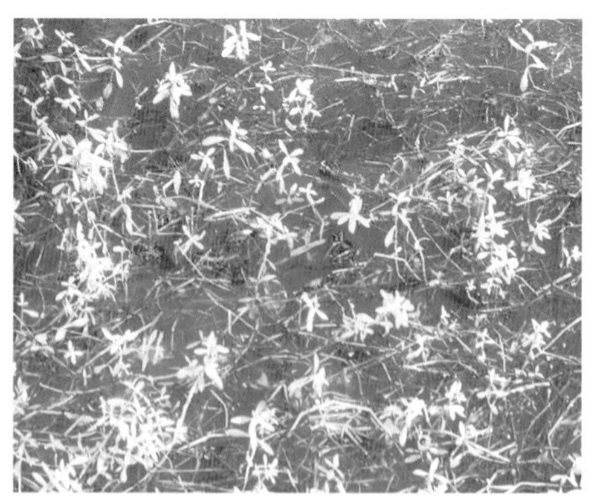

图3-89 水花生被小龙虾过度取食后失去遮阳作用

那么稻虾田水草种植多少合适呢？首先应倡导50%的覆盖度规范种植，

其次是水质调控。多年的生产实践证明，在养殖“稻前虾”或繁殖“稻后虾苗”，如水草覆盖率不足30%时，小龙虾很容易壳体变红，进而发生蜕壳不遂，生长缓慢或停滞，形成“铁壳虾”（图3-90），造成产量低、规格小、效益差的严重后果。稻虾田水草是不是越多越好呢？当水草覆盖率超过了70%时，水草过多甚至封塘时会占据稻虾田大部分空间，进而挤压小龙虾的生存空间，同时还导致水体养分不足、严重缺氧、pH波动幅度过大等，引起小龙虾产生极度应激，直至死亡（图3-91至图3-93）。那么，如何合理调节水草呢？因为稻虾田水草量的增减都是渐进式的，大都会有一个演变过程，应根据稻虾田内水草量的增减及时采取相应的措施。草少的判断方法是如前一周水草覆盖率为50%左右，一周后明显减少到了30%左右，在确认水草减少不是因发生了病虫害或野杂鱼太多取食所致时，就应从水草补给区或水草多的稻虾田捞

图3-90　水草少形成“铁壳虾”

图3-91　上部水草过多

图3-92　中部水草偏多

图3-93　底部水草偏多

草补给。草多的判断方法是如前一周水草覆盖率为50%左右，一周后增加到了70%左右，在确认不是小龙虾发病或蜕壳不遂的情况下，就要割除部分水草了。如不及时采取添加、补种或割除等应对措施，则会造成水草的匮乏或过剩，严重影响小龙虾的健康生长。浮萍也是一种常见的浮水型水草，由于其个体小，一般情况下，在群体数量很少时，不会引起人们的注意，而一旦发现浮萍突然增多时，要想控制其繁殖生长往往为时已晚。正确的做法应该是慎重将浮萍引进稻虾田，如果引种应控制在特定区域内生长，不能随风或随水流造成全田分布（图3–94、图3–95）。注重观察，当发现浮萍数量急速增多时，应适时打捞。

图3–94　稻虾田内浮萍繁殖速度很快，应控制在特定区域内

图3–95　不能将浮萍释放到全田，造成疯长，影响沉水型水草生长

水草养护是稻虾田一项很重要的工作。无论是环沟还是田面，稻虾田合理的水草覆盖率均为50%左右。伊乐藻不耐高温，6月后便失去生长优势，为避免其衰败死亡，应及时割去水草顶部约20厘米，结合使用益草素等产品，促进中下部水草生长，可有效控制其枯头烂根发生。水草过密应及时割除，疏出空间利于水体透光和流动。水草不足应及时补种或添加，以维持适宜的水草量。一般稻虾田种养面积超过100亩规模的农户或企业，应单辟出专门的水草补给区培植不同种类的水草，作为稻虾田水草的来源和补充，一般水草补给区面积占总面积的5%左右。尤其是换季时，水草的补给十分重要，可以解决生产不时之需（图3–96、图3–97）。

图3-96　在水草补给区捞草

图3-97　打包出售的伊乐藻

35 小龙虾蜕壳有什么规律?

小龙虾具有蜕壳生长的特性，在正常的情况下，每蜕壳一次小龙虾便长大一次，一般在蜕壳11次（幼体2次，幼虾9次）后则到性成熟期，可以繁殖后代，在寿命结束之前还要蜕壳10余次。因此，在小龙虾正常的生长发育期，蜕壳是正常的（图3-98），不蜕壳是不正常的。小龙虾在病发期和应激反应期及濒临死亡期均不蜕壳或很少蜕壳，在夏眠、冬眠和繁殖等洞穴生活期间也很少蜕壳。

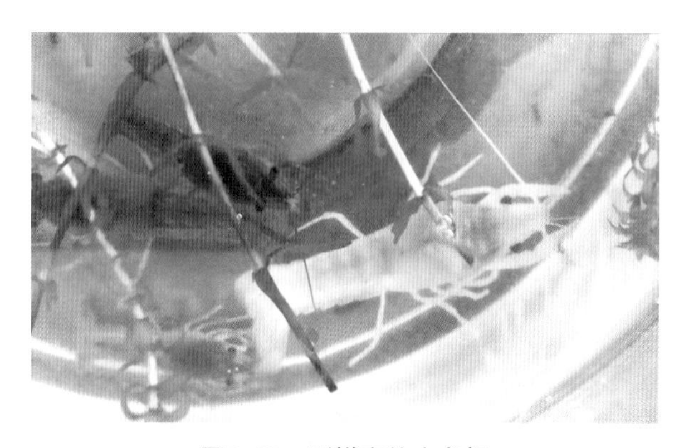

图3-98　刚蜕壳的小龙虾

小龙虾整个蜕壳过程为5～10分钟，一般幼虾比成虾蜕得快。小龙虾蜕壳一般会在水草丛中或隐蔽物内（图3-99），一则环境阴凉，二则躲避天敌，三则便于栖息。在小龙虾的60天养殖周期内一般脱壳3～4次，每脱壳1次体重则增加约1倍（图3-100）。因此，在小龙虾的养殖过程中应配合使用蜕壳类制品3～4次，减少小龙虾蜕壳不遂情况的发生。

图3-99 小龙虾蜕壳后便在水草中隐藏起来

图3-100 正在蜕壳的小龙虾

36 "铁壳虾"或"老头虾"是怎么形成的？

目前在稻田养殖小龙虾的生产中会出现大量"铁壳虾"或"老头虾"。面对这种情况，种养户通常是束手无策。"铁壳虾"或"老头虾"有时又称"丁壳虾""钢虾"等，是一种甲壳异常坚硬，呈艳红色，体型瘦小，而且尾部肉质较少的一种小龙虾（图3-101）。这种"铁壳虾"养殖成本高，基本不蜕壳，摄食食物却不生长，攻击性强，取食已蜕壳的软壳虾，外观品相差，含肉率低，商贩或经纪人不收购或以较低价格收购。"铁壳虾"或"老头虾"形成的主要原因有两个方面：一是遗传因素，本身就是一种劣质虾的种群，受遗传影响一代一代往下传；二是稻虾田环境所致，与生存环境恶化有很大关系。一是稻虾田水体温度过高，长期应激所致；二是稻虾田长期低水位应激所致；三是稻虾田缺少水草应激所致；四是稻虾田投喂不足应激所致；五是稻虾田老旧池底淤泥或有机物腐烂堆积严重所致；六是稻虾田太阳辐射太强应激所致。稻虾田出现"铁壳虾"的季节为多为6—9月的高温季节，尤其是在水稻栽插时水位会降至田面以下，导致水草死亡、太阳辐射增强及水温异常升高等，很容易使投放的小龙虾幼虾壳体短时间内快速变红、变硬。此时的稻虾田的恶劣环境促使小龙虾“铁壳虾”爆发式出现。避免稻虾田出现大量“铁壳虾”需要从以下方面入手：一是保持稻虾田较高水位，水稻采取长秧龄钵苗栽插，栽插后即上深水压草，赶虾入田吃草，确保田面水位在15厘米左右；二是环沟及时补种轮叶黑藻、苦草等耐高温水草，养护好“稻前虾”时种植的环沟水草，注重“稻中虾”环沟水草栽种及养护工作，确保环沟水草覆盖率在50%左右；三是虾苗投放前做好消毒、改底、净水和防除野杂鱼等工作；四是及时适量投喂小龙虾专用饲料；五是对于稻虾田已经出现的“铁壳虾”，及时用地笼捕捞出售，更换优质虾苗进行养殖；六是加强对稻虾田管理，定期泼洒生石灰水，饲料中添加拌饵类制品或维生素、氨基多糖等免疫增强剂，提高小龙虾免疫力，促进小龙虾顺利蜕壳。

图3-101 常见的“铁壳虾”

37 小龙虾为什么要打洞？

小龙虾是变温动物，在外在季节变换时，有挖掘洞穴并穴居的特性，主要是适应极端的环境变迁、季节的轮换和自身的繁衍生息，因此在恶劣的环境下小龙虾四季都会打洞（图3-102），而且还能把挖出的泥土自行运出（图3-103）。小龙虾穴居的原因主要有四个方面。一是夏眠。夏季持续高温，水温达到

35℃以上时，小龙虾为避免“中暑”就会被迫打洞，洞穴深度一般为30厘米左右，开始避暑穴居，减少或停止觅食等活动开始夏眠，以抵御高温。当小龙虾体力不支时，也有不打洞直接俯卧在水底夏眠的现象。二是冬眠。当水温低于10℃时，小龙虾也会打洞，洞穴深度一般为80～100厘米。当气温继续下降到5 ℃左右时，小龙虾就会封闭洞口（图3-104），停止觅食等活动开始冬眠，以抵御低温。三是繁殖。秋冬季节是小龙虾的繁殖季节，当水温在25℃左右时，小龙虾为了繁殖后代需要打洞，其洞穴深度一般为50厘米左右。小龙虾繁殖多在洞穴中进行，这是长期自然选择的结果，因为在洞穴中繁衍后代（图3-105）能够躲避各种天敌的侵扰和危害，对亲虾、仔虾都比较安全，成活率高。小龙虾一般在秋季繁殖季节打洞，翌年惊蛰节气到来的早春时节陆续出洞（图3-106）。四是小龙虾为应对特殊环境变迁和气象灾害，产生应激反应时，而打洞穴居。如天气持续干旱，水位持续下降时小龙虾会集中打洞自保。

图3-102　正在挖掘洞穴的小龙虾

图3-103　正在将洞穴中淤泥运出的小龙虾

图3-104　封实洞口进入冬眠的小龙虾居所

图3-105　正在交配的小龙虾

图3-106　开始出洞的小龙虾

38 小龙虾打洞有什么特点？

小龙虾对洞穴所处的位置选择有很高的要求。小龙虾是一个聪明的洞穴建筑工程师，当挖掘洞穴时，它常会选择水源有保障、环境隐蔽安全又舒适的地方挖掘洞穴。小龙虾一般选择在正常水位线上下约20厘米、水草丰盛的地方挖掘洞穴（图3-107）。但对于老弱病残失去掘穴能力的小龙虾来讲，即使冬季来了，也只能在外流浪（图3-108），因为有掘穴能力者才有房子住，而且小龙虾大多实行“一夫一妻制”。洞穴的结构与挖掘也很有特点。洞穴大多由雄虾挖掘，先是垂直向下挖，然后再转横向挖，这主要是预防天敌直接用爪子进洞抓捕或伤害自己。小龙虾洞穴长度一般不超过1.5米，洞穴直径一般在4～6厘米，沙质土相对挖得深，黏性土相对挖得浅，一般个体大的虾挖得较深、较宽。小龙虾挖掘洞穴一般不会对防洪堤坝造成严重威胁，但会对农田小型田埂造成破坏。

图3-107　小龙虾选择在水草丰盛的水口边挖掘洞穴

图3-108　越冬时节老弱病残的小龙虾在外流浪

图3-109　淹水后探出头准备出洞的小龙虾

当外界不适环境条件解除时，小龙虾会适时爬出洞穴，到野外生活。但由于冬眠的时间持续过长，小龙虾的自然苏醒时间极不一致，因此出洞时间也很不一致。为了让越冬的小龙虾能尽早苏醒、集中出洞（图3-109），一般在3月中下旬，在雨水、惊蛰节气到来之际，采用提升水位的方法，将小龙虾亲虾和仔虾集中淹出洞穴（图3-110、图3-111），便于集中投喂，待亲虾育肥和仔虾长大后尽早捕捞上市，因为上市越早售价越高。否则回捕亲虾时"空头"虾（大多为晚出洞穴的亲虾，由于在越冬过程中，体内能量消耗殆尽，含肉率极低、肉质极差）多。同时，繁育的虾苗也大小不一、极不整齐（原因是早出洞的虾苗吃食多、个头大，晚出洞的虾苗吃食少、个头小）。

图3-110　逼迫小龙虾集中出洞的方法就是上水淹洞

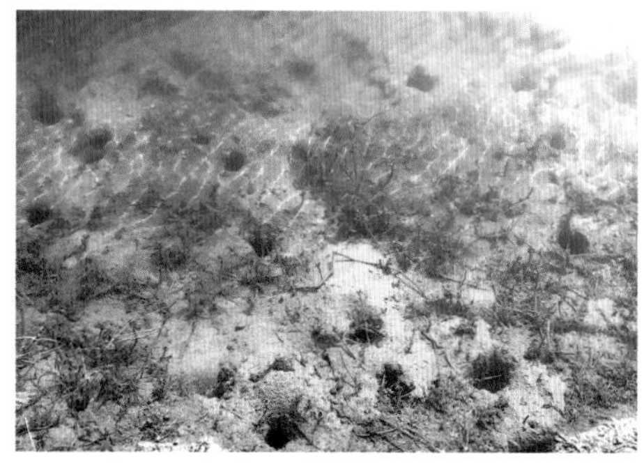

图3-111　早春2月利用大水淹洞可集中赶出冬眠的小龙虾

39　小龙虾会破坏大堤、大坝吗？

针对小龙虾会掘堤、破坏大坝这个问题，网络等媒体传言很多，甚至耸人听闻。诸如小龙虾主要生活在堤坝的背水面，有水坑、水沟或很潮湿的地方一般就会有它们的踪迹，这些地方成为小龙虾生长和繁殖的适宜场所。洪水期堤坝内是浩浩荡荡的水，堤坝外却被无数尾小龙虾挖得千疮百孔，危害可想而知。还有说1998年长江特大洪灾中，防汛人员在长江荆江大堤巡堤查险时发现清水漏洞，开挖处理时在堤身挖出大量小龙虾；长江干堤鄂州燕矶段也发现10多起小龙虾危害大堤的情况；武汉市汉阳区汉江大堤黄金口段的一处约100米^{2}的池塘，就曾发现了37个虾洞，等等。

这些传言的依据是小龙虾喜欢穴居，它的头胸部长有一对钳子般的螯足，打洞的速度很快，范围也较大。由于它们经常生活在江河湖泊、水库、池塘和水田等的岸边，因此对于围埂、堤坝的危害比白蚁更大。而堤坝一般都是土质堤坝，小龙虾很容易就会打洞放水、破坏堤坝。小龙虾确实会打洞，具有一定的破坏力，然而一尾成年小龙虾的洞穴一般为60～100厘米深，沙质土最深可达2米，因此一般稻田的小田埂很容易被洞穿，使农民白天灌满的稻田水夜晚便会被放得干干净净。网上流传广西、云南等地小龙虾在梯田里泛滥成灾，它们“打洞”直接造成灌溉用水流失及田埂坍塌，影响了梯田的保护和申遗工作。经笔者多年调查，经加固、加高、加宽过的稻虾田田埂，再加上有水草护坡，小龙虾很难打穿（图3-112）；小龙虾能够毁损农田小型土质田间工程确是事实，而一般3米左右宽的机耕路小龙虾就很难打穿了（图3-113）。对于又宽又厚实的大堤大坝来说，小龙虾只在其外围局部区域打洞穴居繁衍生息。根据笔者20多年的持续观察研究，小龙虾能将大堤大坝打穿的说法尚值得商榷，甚至严重缺乏科学性。

图3-112　有水草护坡的稻虾田围埂，小龙虾更难毁损

图3-113　相邻稻虾田间的机耕路，小龙虾已无法打穿

40 小龙虾喜欢生活在臭水沟里吗？

网上传言“臭水沟里都可见到小龙虾，就说明小龙虾喜欢在臭水沟里生长”“小龙虾非常得脏，家养的喂食化肥”，等等。根据笔者多年的研究和生产实践证明，这种说法没有科学性。小龙虾的血液系统不像人类一样是封闭循环的，而是半开放的，对水质和溶氧的要求更高。人们平时看到臭水沟里的小龙虾都是正在挣扎中尚存一息的幸存者而已，其他的绝大多数已经死亡的小龙虾只是没有机会被人们看到而已。小龙虾天生具有喜阴怕光、昼伏夜出的习性，正常在白天是看不到小龙虾的，但是在恶劣的水环境里（图3–114），那些求生欲极强，爬到水草、树枝或其他支撑物上进行自救，或往岸上爬实行自救的小龙虾，才会被人们发现（图3–115）。小龙虾喂食化肥养殖更是无稽之谈，因为人工养殖小龙虾很少用化肥，而大多选用腐熟的有机肥，化学农药更是严格控制使用的。近年来由于发展稻虾共作，种养户在为水稻施用颗粒肥时，造成小龙虾误食肥料，导致肠炎或烂肠死亡的事件比比皆是，只是施肥者没有意识到或没有发现其危害而已，因此笔者竭力反对在稻虾共作田施用颗粒型复合肥料，提倡在插秧时通过侧深施肥施入秧根附近的土中。目前，从人工养殖环境中和在运输、食用小龙虾时不慎逃逸到野外环境里的少量野生小龙虾，由于生长的水质和环境差，体表又黑又脏，但这类污水沟里的小龙虾由于品相差在市场交易时几乎无人愿意购买，因此从事野外捕捞的人也不会到臭水沟里去捕捞小龙虾。而市面上的小龙虾大都是池塘养殖、稻田养殖、藕田养殖、蟹池套养或在大河大湖里捕捞来的，属于高品质的小龙虾，完全能够安全食用。2016年南京大学实验室对100尾小龙虾的生活环境喜好进行了相关实验。实验结果表明，小龙虾都喜欢在净水的环境中生存，而不喜欢在污水中生存。人们之所以在臭水沟里看到小龙虾，是因为小龙虾没有选择权而已。人们对小龙虾这种偏见的形成其实是对当今的小龙虾养殖情况不了解所导致。当前小龙虾养殖大都是规模化、专业化生产。市场上的小龙虾是人工养殖的产物，从臭水沟中掏出来的小龙虾数量微乎其微，至于吃腐肉长大的则可能性更小。养殖户只有养出高品质的小龙虾，才能有市场，才能卖出高价，才能赚取更多的利润。所以他们会为小龙虾营造一个干净舒适的生存环境，如定时消毒除杂、投喂高质量专用饲料、安全防控小龙虾疾病、及时处理病死虾等。政府也在全方位关注小龙虾产业的持续稳定健康发展，相关监管部门也加大了对养殖水体质量和市场成虾抽查的次数和力度，对小龙虾的质量进行严格检疫检测，人们可以放心地享受小龙虾的美味。

图3-114　稻虾田环沟倒藻造成黑臭水，小龙虾无法生存

图3-115　水质败坏时小龙虾大量“爬草”

41 小龙虾为什么会“爬坡”？

小龙虾有越塘逃逸特性，当发现小龙虾有大量“爬坡”逃逸现象时，究其根源无非是两大方面。一是水草严重缺乏，小龙虾有攀附水草栖息的习性（图3-116），如果水体中水草严重缺乏，小龙虾无草可爬时，受不良环境胁迫就会出现“爬坡”出逃现象。二是水质严重恶化，当水质败坏不能生存时，小龙虾只能被迫“爬坡”出逃自救（图3-117），迫不得已冒着生命危险去寻找新的栖息地。小龙虾出现集体大逃亡现象时还会遭遇稻虾田周边围网的阻碍，由于小龙虾不能长时间离水生存，在出逃失败时，只能重新返回恶劣水体中，久而久之便会产生应激从而死亡。因此，出现小龙虾“爬坡”现象时，应立即采取相应措施换水或改善水质环境。

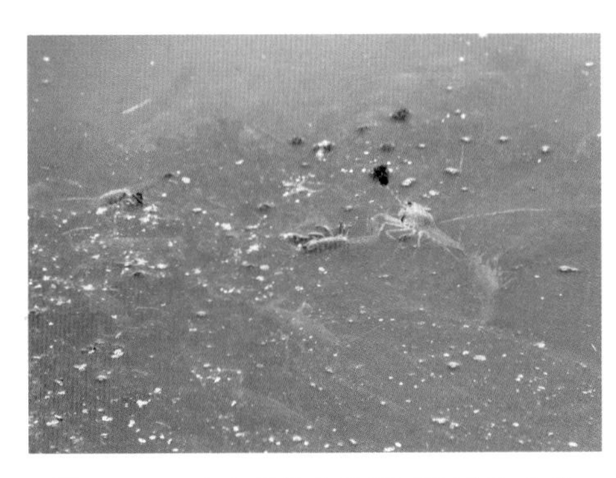

图3-116　小龙虾首先选择“爬草”自救

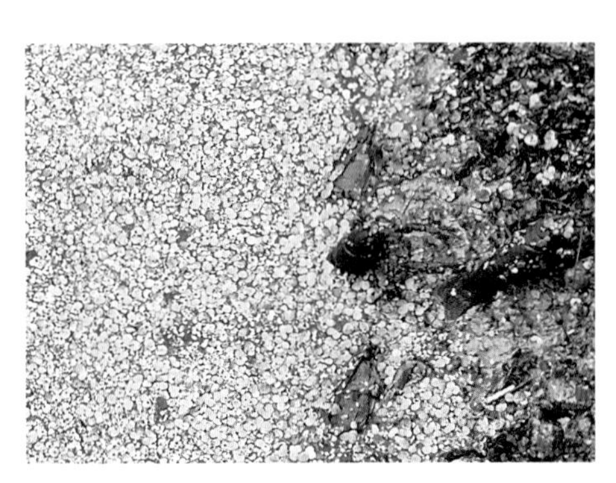

图3-117　小龙虾迫不得已冒险“爬坡”自救

42 小龙虾为什么会逃逸？

小龙虾是水陆两栖类水生动物，既能在水中游泳，又可在岸上爬行，正常情况下生活在水中（图3-118）。当水体环境、水位、水质、水温等发生变化，尤其是天敌入侵、水位骤降、水质恶化时，小龙虾会越塘逃逸（图3-119），且主要发生在夜晚时分。因此，在小龙虾养殖周期内，在控制好养殖环境，调控好水位、水质、水温的同时，还要在稻虾田四周设置防逃围网（图3-120）。防逃围网一般用硬质钙塑板、加厚聚乙烯防逃膜或上纲缝制塑料薄膜的尼龙网片制作，田块拐角处呈圆弧形，高40厘米左右，防逃围网外侧用木桩固定，木桩间距2米左右。防逃围网除防止小龙虾外逃外，还可以防止蛇、癞蛤蟆、青蛙、水老鼠等陆生或两栖类天敌入侵，具有一网两用的功能。另外，稻虾田的进排水口也应用筛绢网密封，防止外源野杂鱼的入侵和小龙虾外逃。

图3-118 正在养殖水域中迁徙的小龙虾

图3-119 水质恶化时正在出逃的小龙虾遇天敌作战斗状

图3-120 稻虾田四周设置的防逃围网

43 稻田养殖小龙虾如何调控水质?

小龙虾能忍受一定污染的水质，但绝不是喜欢污染的水体环境。多年的研究和生产实践表明，小龙虾喜爱新鲜的食物和清新的水源，在污水中生活是环境所致、迫不得已，而并非其自身选择。小龙虾对不良环境的耐受性也有限度，如水质差，小龙虾不仅繁殖困难，而且很难蜕壳、生长速度缓慢。因此，使用微生物菌剂是稻虾田常用的调控水质措施，如泼洒适量的EM菌等（图3-121）。

稻虾田的水质调控需关注几个关键指标。一是透明度应保持在30厘米左右。若透明度太高，表明水质偏瘦，容易诱发青苔滋生，若透明度太小，表明水质偏肥，容易诱发蓝藻、绿藻、红藻等滋生。二是水体溶氧不小于5毫克/升。三是水体适宜的pH为6.5 ～ 8.5。四是水体氨氮含量应小于0.3毫克/升。正常适宜的稻虾田水质应具有肥、活、嫩、爽的特点（图3-122）。

图3-121　稻虾田施用EM菌

图3-122　各种水质指标适宜的稻虾田

44 稻虾田投放螺蛳有什么好处?

很多精明的种养户习惯在稻虾田投放适量的螺蛳来净化水质（图3-123）。用螺蛳作水质好坏的“晴雨表”，一般螺蛳长得好，表明水质就好。同时，螺蛳既是小龙虾的天然饵料资源（图3-124），又是人们喜欢吃的特色水产品

（图3-125）。许多地方还开发出小螺蛳风味美食，创办"螺蛳节"，来增加稻虾田的总收益。如淮安的"洪泽螺蛳节"、扬州的"宜陵螺蛳节"等十分有名。炎热的夏季，让螺蛳和小龙虾在舌尖上共舞真的是绝妙的享受。但在南方，稻虾田里会滋生草食性的福寿螺（图3-126），若数量太多则容易破坏水草甚至水稻生长，应严加防范。

图3-123　稻虾田放养螺蛳监测水质

图3-124　螺蛳是饵料资源

图3-125　螺蛳也是一种休闲美食食材

图3-126　南方稻虾田里福寿螺早春即开始产卵

45 稻田养殖小龙虾如何调控水位？

无论是"稻前虾""稻中虾"还是"稻后虾苗"，稻虾田的水位管理基本符合“浅—深—浅”的规律。“稻前虾”养殖一般养殖时间为3—5月（图3-127），前期配合水草生长应浅水位，田面水位保持30～40厘米高，随着气温日渐升高，水草生长速度加快，应逐步升高到60～70厘米（图3-128），到成虾捕捞期再缓慢降低水位，直至降至环沟以内，便于集中捕虾（图3-129）。

图3-127　种好水草后逐步提水肥水促草生长，准备养殖“稻前虾”

图3-128　“稻前虾”养殖应深水位投苗

图3-129　“稻前虾”收获应浅水位捕捞

“稻中虾”养殖正值夏季高温季节，前期用长秧龄秧苗栽插后深水活棵（图3-130），一般田面水位为5～10厘米，随着秧苗返青并快速生长，田面水位应逐步增加，到拔节中后期达到20～30厘米，盛夏时节应每周换新水1次，每次换1/3，晚排晨灌，保持水质清新和水位相对稳定，稻虾共作关键期内水位应稳定在30厘米以上（图3-131）。反之，水稻植株矮小、不能上深水的稻田不适宜养殖小龙虾，更难养出大个头高品质小龙虾（图3-132）。到成虾捕捞期再缓慢降低水位至环沟内集中捕虾（图3-133、图3-134）。

图3-130　长秧龄秧苗栽插后深水活棵

图3-131　稻虾共作期维持30厘米以上的高水位

图3-132　稻虾田水浅不适宜养虾

图3-133　“稻中虾”捕捞前应持续缓慢降低水位

图3-134　“稻中虾”养成后低水位捕捞

稻后虾苗”繁殖季节一般从当年8月开始，亲虾投放后开展田面20～30厘米中水位管理，并投喂亲虾专用饲料强化培育（图3-135），到温度低于10℃时停止投喂，一直持续到翌年3月水温高于10℃，亲虾和仔虾出洞时，再用小龙虾仔虾料投喂，期间陆续用大眼地笼捕获亲虾上市，而虾苗培育直至5月虾苗育成为止。亲虾投放环沟后，前期配合水稻中后期生长，田面应干干湿湿，以及为刺激亲虾打洞交配产卵，应保持浅水位（图3-136）。到水稻收获期，水位应降至环沟以内（图3-137）。在水稻收割完成，田面水草种植后，随着水草的快速生长，应逐步提升水位。到冬季最寒冷的季节，为提高水温应保持田面以上60~70厘米的最高水位（图3-138）。此时如水体太瘦，可撒施秸秆快腐菌剂或其他微生物菌剂，加速稻虾田秸秆腐解速度，达到肥水控苔的目的（图3-139）。待到春暖花开，应用60～80厘米的高水位淹没小龙虾洞穴，将小龙虾亲虾和仔虾一起逼出洞穴（图3-140），同时开展饲料投喂。到了小龙虾苗种捕获时节，应逐步降低水位至环沟以内，用小眼地笼及时捕获虾苗出售（图3-141）。

图3-135 “稻后繁苗”强化培育的亲虾

图3-136 浅水位促亲虾集中打洞交配产卵

图3-137 小龙虾进洞后低水位消毒灭菌除野杂鱼

图3-138 “稻后繁苗”时在严寒季节保持深水位

图3-139 冬季提水保温并肥水控苔

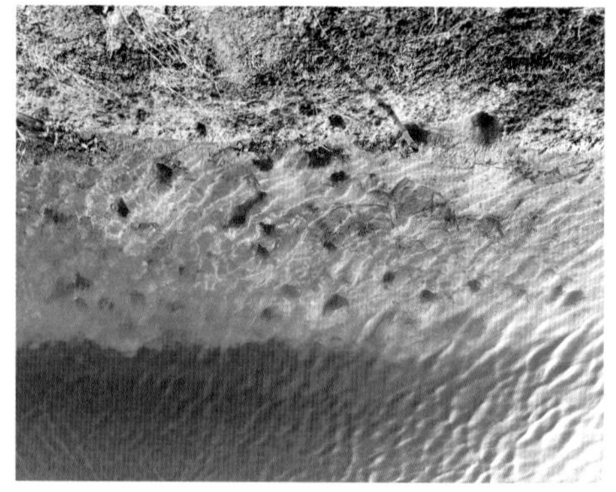

图3-140 翌年早春深水位逼虾出洞

图3-141 浅水位捕获虾苗

46 稻田养殖小龙虾如何调控溶解氧?

稻虾田水体中的溶解氧与空气里氧的分压、大气压、水温和水质密切相关。在20℃、100千帕条件下，纯水里溶解氧为9毫克/升左右。水体中有机物在好氧菌作用下会发生生物降解，消耗水里的溶解氧。当水中的溶解氧降到5毫克/升时，小龙虾就会有应激反应。

水体的溶解氧被消耗，恢复到初始状态的时间越短，说明该水体的自净能力越强；反之水体污染特别严重时，溶氧值无法恢复则水体就丧失了自净能力。一般情况下，稻虾田的溶解氧会因空气里氧气的溶入及绿色水生植物的光合作用而持续得到补充。但当水体有机物污染严重，耗氧量激增，溶解氧又不能及时补充时，水体中的厌氧菌就会快速繁殖，导致有机物快速腐败而使水体发黑、发臭。

一般稻虾田的溶解氧低于3毫克/升时，小龙虾就会出现“爬坡”或“爬草”的现象（图3-142）。增加水体溶氧量的方法通常有三种：一是夏季天气闷热，水体容易缺氧，此时应通过间歇性加注新水，让水体循环起来，增加溶氧量；二是打开增氧机增氧，如微孔增氧机、耕水机等；三是向水体内投放适量的增氧片增氧。

图3-142 水体缺氧时小龙虾最好的自救方法是“爬草”

47 小龙虾的繁殖习性是什么?

与其他虾类相比，小龙虾具有低生殖特性。小龙虾在野外的环境中寿命很少超过2年，江淮、黄淮地区大约在20个月。因此，将老熟虾长期养在稻虾田中是一种不经济的做法，尤其是“隔年虾”（图3-143），如是繁育过虾苗的亲虾，在春季出洞育肥后，就应该及时捕捞出售，否则会陆续自然死亡。小龙虾1年只繁殖1次，自然环境中繁殖期一般在水稻收获期前后开始（图3-144），到翌年春季结束，一般小龙虾一生繁殖1～2次。设施条件下，通过人工干预可以控制亲虾的数量和性成熟期（图3-145），能够在期望的季节获得足量的小龙虾苗种，实现错时繁养和错峰均衡上市。

图3-143　繁殖区回捕的亲虾俗称“隔年虾”

图3-144　小龙虾的繁殖期一般在水稻收获期前后

图3-145　繁殖期的抱卵虾

48 小龙虾是如何交配、产卵和孵化的?

小龙虾的交配：雄虾用螯足钳住雌虾的螯足，用步足抱住雌虾，将雌虾翻转、侧卧（图3-146）。雄虾用钙质交接器与雌虾的储精囊联结，雄虾的精荚顺着交接器进入雌虾的储精囊。小龙虾交配不论白天还是黑夜都可进行，地点一般选择在隐蔽的水草丛中（图3-147）、瓦砾或洞穴中，这样比较安全，也有少数直接在池底、水坡上完成交配的；繁殖季节一般交配3～5次。小龙虾交配时间大多在1小时左右，有的较短，为20分钟，少数长达200分钟。

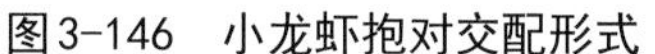

图3-146　小龙虾抱对交配形式

图3-147　夜晚在水草上交配的小龙虾

小龙虾的产卵：小龙虾生殖方式为卵生。性成熟的亲虾交配后，一般一个月内雌虾即可产卵。小龙虾的繁殖能力也没有人们想象得那么强大，其远远不及沼虾（俗称青虾）。一般一尾雌性沼虾抱卵量可达2000～3000粒，但沼虾的卵明显小于小龙虾的卵。而个体在35克左右的雌性小龙虾怀卵量约为400粒。卵粒在小龙虾体内发育成熟后，雌虾从第三对步足基部的生殖孔排卵，随卵排出较多黏稠状物质，并形成育儿袋将卵包裹（图3-148），卵经过精囊时，储精囊内的精荚释放出精子使卵受精。受精卵黏附在雌虾的腹足上，外形类似葡萄串（图3-149），雌虾通过不停摆动腹足提供受精卵孵化所必需的溶氧。卵粒发育到临近孵化时，外部的育儿袋便自行溶解（图3-150）。当受到外界干扰或雌虾需要移动觅食时，雌虾会自行卷起扇形尾巴，以免卵粒脱落或受损，这是雌虾的护幼本能（图3-151）。

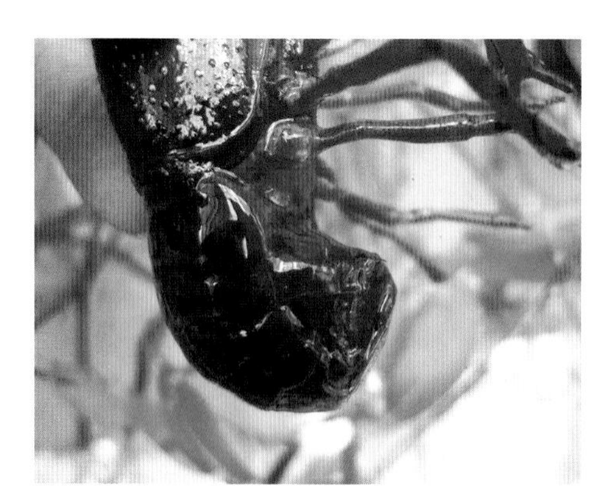

图3-148　小龙虾腹部的育儿袋

图3-149　排出体外的卵很像葡萄串

图3-150　雌虾腹部的育儿袋已溶解

图3-151　雌虾的尾扇卷起护幼

小龙虾卵的孵化：雌性小龙虾性成熟以后就开始卵的发育，并且随着发育进程的推进，卵粒也不断增大，成熟的卵粒重约为每100粒0.45克。同时，卵粒的颜色也逐步发生变化，由亮转暗，即从最初的白色逐步转为黄色、橙色、棕色，最后排出体外为黑色（图3–152至图3–154）。当卵粒颜色再由深入浅时，即由黑色向棕色变化时小龙虾就要破壳而出了（图3–155至图3–159）。而未受精的卵粒在排出体外后则停止发育，并逐步腐烂从母体上脱落（图3–160）。卵粒破壳后小龙虾的稚虾不是一涌而出，而是继续在壳里生长发育，直至发育完全后才蜕去卵的外壳（图3–161），这个过程在低温时节比较漫长。

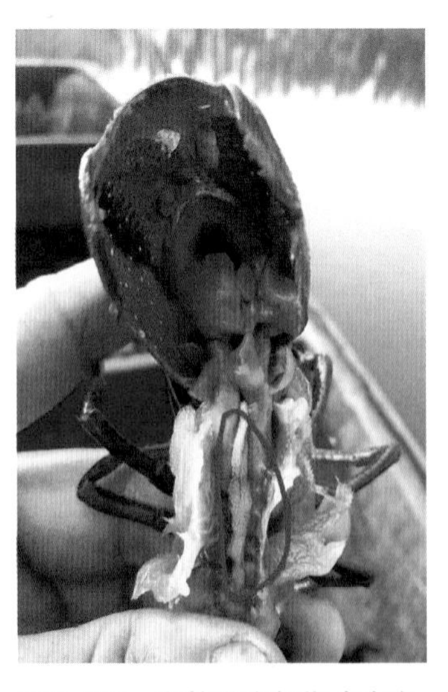

图3-152　卵粒发育初期为白色

图3-153　卵粒发育中期为棕色

图3-154 卵粒发育后期为黑色

图3-155　黑色的卵粒

图3-156　即将破壳而出的棕色卵粒

图3-157　蜕壳初期图

图3-158　蜕壳中期图

图3-159　蜕壳后期图

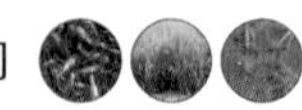

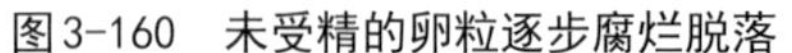

图3-160　未受精的卵粒逐步腐烂脱落

图3-161　小龙虾幼虾孵化完成

仔虾的孵化需要约500℃的积温，同时孵化速度还与水质、溶氧等条件关联极大（图3-162）。一般温度越高，孵化速度越快。在实验室25℃温度、供氧充分的条件下，一般需要15天左右孵化出苗；在10月的野外，水温20℃左右时，则卵的孵化需要21天左右（图3-163）；在设施大棚内，水温35℃时约10天即可孵化完成（图3-164）；而在寒冷的冬季，洞穴内的温度极低，但不可结冰，则需要3～5个月才能完成孵化。江淮地区在9—10月气候适宜，卵的孵化需3周左右。生产上一般采用“稻前虾”做种繁育早苗，到翌年3月中下旬培育出3～4厘米的成苗。离开母体后的小龙虾稚虾虽然能独立活动（图3-165），但一旦遇到水体不适环境有集聚抱团的现象（图3-166、图3-167）。稚虾孵化后一般以浮游生物为食，如轮虫、丰年虫等（图3-168）。人工投喂时，以豆浆、鱼粉等为宜。因稚虾频繁蜕壳，人们常会见到其攀附或栖息在水草（图3-169）、青苔或池埂壁上。野外孵化率和成活率一般均较低，这与环境优劣和天敌多少有很大的相关性。

图3-162　正在孵化的抱仔虾

图3-163　刚刚完成孵化还未脱离母体的稚虾

图3-164 设施内孵化网箱中卵的孵化

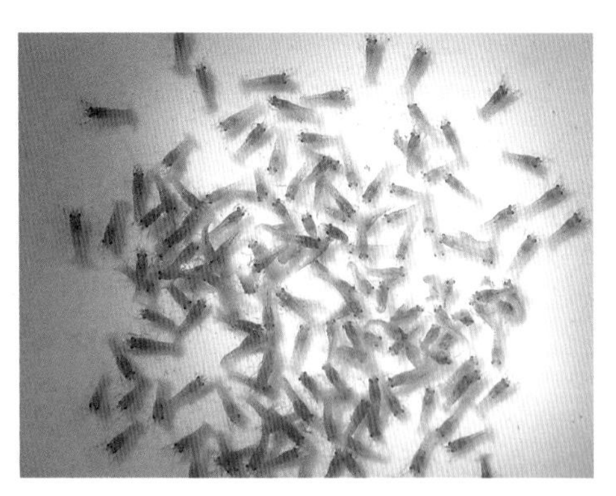

图3-165 刚脱离母体能独立活动的稚虾

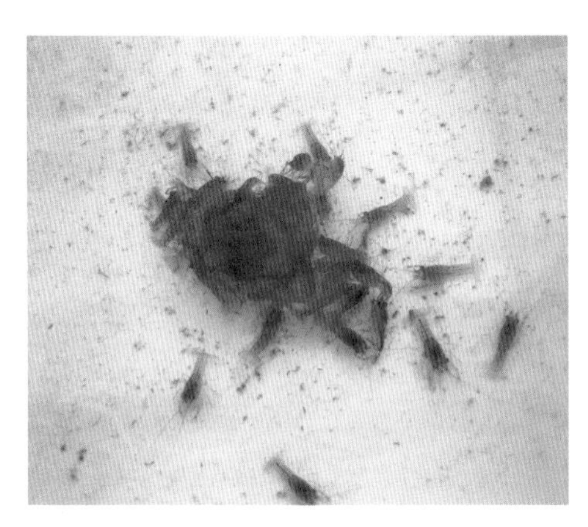

图3-166 环境不适时稚虾不断聚集

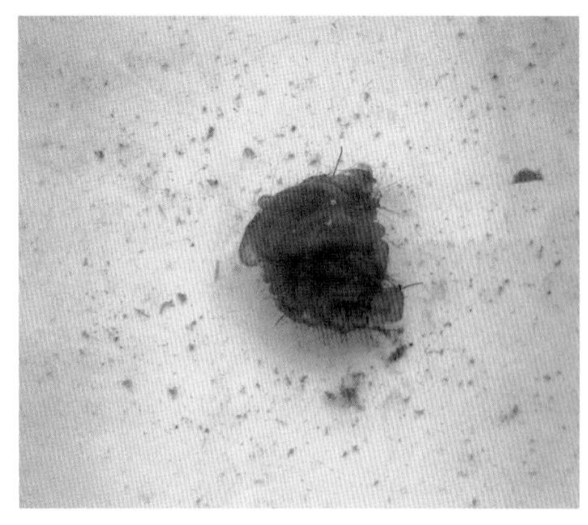

图3-167 集聚抱团形成虾球的稚虾

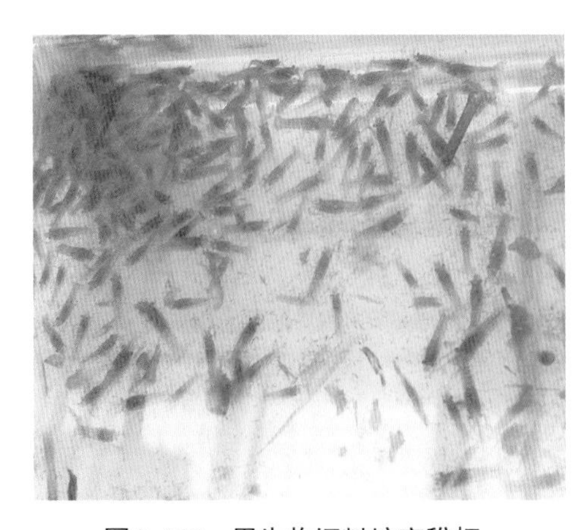

图3-168 用生物饵料培育稚虾

图3-169 攀附在水草上的稚虾

49 什么样的土壤适宜小龙虾养殖和繁殖？

土壤可分为壤土、黏土、沙土等多种，哪种土壤适宜养殖小龙虾呢？应从适应小龙虾掘穴习性、越冬繁殖和保肥保水角度综合考虑，无论是小龙虾养殖还是繁殖，稻虾田的土壤以壤土为最好，黏土次之，沙土最差。

壤土质地的稻虾田土壤泥沙比例适中，一般占40%～60%，土壤密度在1.1～1.4克/厘米^3。壤土质地疏松，通气透水，保水保肥能力强，水稻后期秆青籽黄，抗倒性强（图3-170），筑成围埂后不易坍塌，水中的营养盐类不易渗漏损失，有利于小龙虾饲料生物的繁殖，是小龙虾养殖和繁殖的最理想稻虾田。黏土质地的稻虾田土壤含泥粒60%以上，土壤密度在2.6～2.7克/厘米^3。土壤硬度大，延展性、黏结性和可塑性强，土壤保水保肥能力好（图3-171），潜在肥力高、肥效缓而长。但黏土土壤紧实易板结、通透性差、底质最容易污染，而小龙虾是底栖生物，对底质要求比较高。这类稻虾田对于水稻和水草来讲不发小苗发老苗，可以开展小龙虾养殖，但要注意调节水质。沙土质地的稻虾田土壤含沙粒80%以上，土粒间大孔隙多，土壤密度在1.4～1.7克/厘米^3，土壤昼夜温差大，通透性好，有机质矿质化速度快，但保水保肥能力差，肥力一般较低，在池塘中容易出现极难肥水情况。但沙土质地松散，虽利于小龙虾打洞，但是洞穴非常容易坍塌。沙土底质易渗水、围埂易崩塌，要不断地肥水和补水，从而造成水体清瘦，不利于饵料生物的繁殖。尤其是在繁殖期，一旦

图3-170　壤土田水稻生长后期杆青籽黄且抗倒性强

图3-171　黏土稻田保肥保水能力好

洞穴坍塌，小龙虾会及时进行修补，反复坍塌时又反复修补，使得小龙虾的体力消耗极大，严重影响小龙虾的生长、交配、产卵、孵化。如在天气寒冷的越冬期，小龙虾处于“冬眠”状态，洞穴坍塌很容易造成小龙虾压迫性死亡，造成亲虾和仔虾死亡，越冬成活率极低，因而沙土质地稻虾田对于水稻和水草来讲发小苗不发老苗，水稻和水草生长后劲不足，更不适合小龙虾养殖和繁殖（图3-172）。

图3-172　沙质土因漏肥漏水不适宜小龙虾养殖和繁殖

50 繁殖期如何鉴别小龙虾亲本是否性成熟?

生产上很多人在繁殖小龙虾苗种的时候不知道如何鉴别小龙虾是否性成熟，往往会选择已丧失繁殖能力的老龄虾或不具备繁殖能力的小虾，造成繁殖失败，经济损失极大。最简单最直接的鉴别方法是在繁殖季节，在亲虾驯养区小龙虾的群体中捕获一定数量的雌虾（图3-173），然后扒开头部与躯体间的缝隙，再剥开躯体中部的外壳，看一看卵巢中有没有卵粒，如60%以上雌虾都有卵粒说明这一批虾正处于繁殖期，可作亲虾。此时亲虾外部最明显的特征是外壳变硬，头部有黄，而且卵粒颜色越深，发育越早（图3-174至图3-177）。如是自繁自育三代同塘的虾，雌虾同时排卵的概率很低（雌虾怀卵率低于40%），不可用作亲虾。

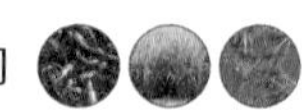

图3-173　新虾驯养区雌虾性成熟的现场鉴别

图3-174　性成熟亲虾具有壳硬黄多的特征

图3-175　在亲虾驯养区捕获部分亲虾进行性成熟鉴别

图3-176　卵巢中已见明显卵粒的性成熟雌虾

图3-177　发育越成熟的卵粒颜色越深

有报道认为红壳虾是虾性成熟的外部标志，这是极不科学的。笔者研究发现，刚孵化不久攀附在青苔上的小龙虾稚虾壳体就呈红色（图3-178），原因是整个水体环境没有足够的水草，长期在阳光直射之下生长的小龙虾在很幼小的时候壳体就变成了红色，这完全是由环境造成的，与性成熟根本没有关系。但这种红壳虾很难长大（图3-179），除非更换到更好的环境中，才能逐步提高其生长速度。

图3-178　由于阳光辐射强稚虾壳体已发红

图3-179　很难养成大虾的红壳苗

51 小龙虾亲本如何培育?

稻虾田养殖小龙虾，优质苗种从哪里来？稻田养虾人必须学会自己解决优质苗种繁育问题，绝不能完全依靠购买，原因有三点：一是现在的苗种大多是自繁自育的劣质苗种，生长速度慢、难以养成大虾；二是苗种运输过程中，引起的损伤重和应激反应强，投放后成活率大大降低；三是苗种带菌带毒，污染稻虾塘口，导致病害发生。因此，养虾人必须学会自己培育优质苗种。小龙虾的繁殖关键是亲虾，亲虾的来源与选择尤为重要。规模比较大的种养户应在稻虾田辟出5%左右的面积作为亲虾驯养区，并在亲虾驯养区保有2个以上来自不同主产区的优质小龙虾种群保种。分别在自身捕捞销售“稻前虾”或“稻中虾”成虾中筛选优质个体组成种群，同时还必须与周边其他种养户同时期用不同种源养成的成虾互为交换，在亲本交叉配组后放入亲虾驯养区进行亲虾培育，培育密度一般为6000尾/亩左右（图3-180）。培育期内投喂亲虾专用饲料（蛋白质含量应不低于32%），用增加营养的方式促进性成熟和集中交配，一般培育期时间为60天左右。如果专门设立亲虾驯养区，必须要有良好的水草环

境，可以选择种植莲藕（图3-181）、茭白（图3-182）等水生蔬菜，也可以条带状种植水花生（图3-183）。

图3-180　降水位将“稻中虾”捕净后再投放配组好的亲虾

图3-181　水面种植莲藕的小龙虾亲虾驯养区

图3-182　水面种植茭白的小龙虾亲虾驯养区

图3-183　水面种植水花生的小龙虾亲虾驯养区

52 繁殖期小龙虾亲本如何选择？

人工繁殖时，亲虾选择与配种也有几个原则：一是优选壳体青色或青中透红的性成熟成虾做亲本（图3-184、图3-185）；二是选择当年养成的体重30克以上、体型相对匀称的成虾，尽量淘汰头大尾小的亲虾（图3-186、图3-187）；三是选择附肢齐全、无病无伤、体质健壮、活力强的成虾（图3-188）；四是野外繁殖时雌雄比例为（1～2）：1；五是在异地种群中选择优良亲虾交叉配组（图3-189）。

图3-184　壳体匀称的藏青色极品虾

图3-185　壳体青里透红的优良种虾

图3-186　尽量不要选择头大尾小的龙虾做亲虾

图3-187　亲虾头大尾小，后代也如此

图3-188　亲虾要附肢齐全

图3-189　亲虾选择后交叉组配

53 繁殖期小龙虾亲本如何配组？

小龙虾优质苗种的繁育必须采取异地配组或异种群配组，以确保遗传基因具有差异化，避免长期进行近亲繁殖。异地配组即在小龙虾繁殖时，亲本来自两个不同的养殖区域（图3-190）；异种群配组即在小龙虾繁殖时，亲本来自不同的驯养种群。建议在稻虾田投放种虾或种苗时，一开始就有意识地从不同的养殖区域引进优质小龙虾种质资源，进行分区养殖，引种的区域最好在两个以上，即自身稻虾田养殖小龙虾最初的种群就有两个以上，且这些种群的血缘关系越远越好，以有利于在繁殖期交叉配组，节省时间，提高繁殖效率，同时还能避免繁殖期因远程调运种虾而降低种虾成活率和虾苗繁殖率的问题出现。

图3-190　亲虾异地配组

54 如何在稻田繁育养殖“稻前虾”的早苗？

现在比较好的做法是“两区分设”，其中一个是亲虾驯养区，另一个是早苗繁殖区（图3-191）。在稻虾田辟出5%左右的面积作为亲虾驯养区，驯养两个以上不同生态区的小龙虾种群，注意苗种应大小一致，规格明显不整齐不可做亲虾驯养（图3-192）。驯养区的亲虾主要来源于“稻前虾”养殖区，在“稻前虾”养成后选择优质的个体作为亲虾，配组的亲虾既可以来自自身养殖的不同的种群，也可以与邻近的、同时期养成的农户互换而来。“稻前虾”的种虾一般在4月底至5月初筛选完成，并投入驯养区培育，一般于8月性成熟，9月前后即可交配产卵，此时应适时捕获投放到早苗繁殖区。早苗繁殖区的面积约占整个稻虾田的10%，每亩亲虾投放量为30～50千克。进入早苗繁殖区的亲虾10月便可完成孵化（图3-193、图3-194），此后在野外越冬一直到翌年3月中旬育成规格为300尾/千克的商品苗。“稻前虾”亲本繁殖的早苗俗称“秋苗”，江淮地区一般在翌年3月中旬便可用“秋苗”养殖提前上市的“稻前虾”。

图3-191　稻虾田早苗繁殖区

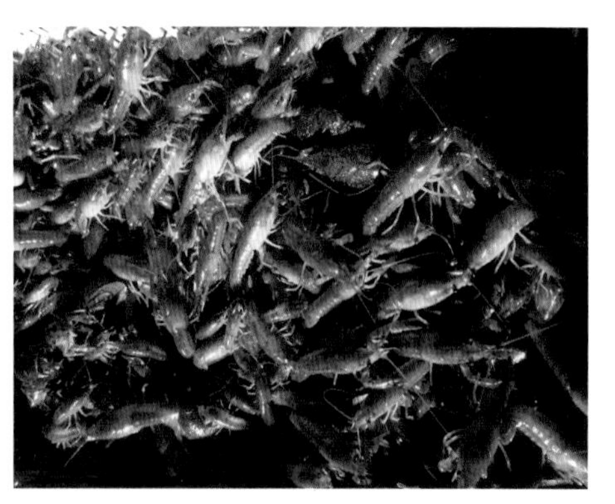

图3-192　规格不整齐的苗种不可作亲虾驯养

图3-193　早苗繁殖区已经孵化的早苗

图3-194　水稻收获时节正是早苗繁殖区小龙虾的孵化期

55 如何在稻田繁育养殖"稻中虾"的晚苗?

繁殖"稻中虾"养殖所需的晚苗时也应设立亲虾驯养区和晚苗繁殖区。只是此时的亲虾驯养区作为亲虾临时倒塘用，所需的面积有限，真正的驯养时间也不会太长，一般周期不会超过一个月。如果将计划中的晚苗繁殖区里先前养成的"稻中虾"提前捕净，并做好消毒灭菌、防除野杂鱼和补充环沟水草后，也可以直接将筛选配组好的亲虾（图3-195）投入晚苗繁殖区进行繁殖期管理。"稻中虾"的亲虾一般在7月底至8月初筛选，并投入驯养区或繁殖区培育。在江淮地区，利用"稻中虾"亲虾做种，10月抱卵虾的卵只能在洞穴中完成孵化，到翌年3月中下旬才能出洞，并加速生长（图3-196），5—6月才能培育出5厘米左右的规格虾苗，这就是通常所说的"夏苗"（图3-197）。若在11月以后，在洞穴中产的卵则在洞穴中不能完成孵化，要到翌年抱卵虾出洞后，才能带卵出洞并完成孵化。因此，抱卵虾孵化需要约500 ℃以上的积温规律决定了低温季节需要较长的孵化时间，这是人们在自然界中能够常年见到野外有抱卵虾活动的主要原因。利用"稻中虾"做亲虾繁殖晚苗即"夏苗"，一般到翌年6月初用"夏苗"养殖"稻中虾"。如果亲虾性成熟期不一致，则繁育出的虾苗规格差异很大，属于劣质苗种（图3-198）。

图3-195 配组好的亲虾

图3-196 生长中的晚苗

图3-197　达到一定上市规格的“夏苗”

图3-198　虾苗大小不一的劣质苗种

56 如何实现稻虾田小龙虾繁养匹配、繁养分区、繁养轮转?

在稻虾田繁殖小龙虾苗种时应实行繁养匹配、繁养分区、繁养轮转，彻底改变自繁自育的传统落后模式，避免种质退化、繁养混杂于一体、三代同塘、个体大小不一、病害重、品相差、效益低的现象发生。

繁养匹配是指稻虾田的繁殖与养殖应有一个合理的需求量和面积比。如果不是专业的小龙虾苗种繁育场，繁殖虾苗仅仅是为了解决养殖的苗种自给问题。近年来，由于各地都在发展稻田养虾产业，小龙虾苗种持续供不应求，稻虾种养户瞄准这一市场需求，纷纷开展苗种繁殖，秋冬季节几乎把所有的稻虾田都用来繁殖小龙虾苗种。所以，一到水稻收获以后，稻虾田一片汪洋，全部泡在水里繁殖虾苗，这种场景一直持续到翌年水稻插秧时节。虽然如此，市场上小龙虾苗种还是供不应求，价格依然一路飙升，到2019年早春达到历史高峰期，虾苗价格达到80元/千克左右，可想而知近几年稻虾产业发展的速度是何等迅猛。但好景不长，小龙虾苗种价格随即便断崖式下滑，时隔一年到2020年的早春就跌入谷底，即便虾苗价格跌至8元/千克左右，都无人问津。究其原因，虽有突然暴发的新型冠状病毒肺炎疫情影响，但根本原因还是苗种供过于求。所以，现在的种养户必须面对这个问题，最好的解决办法就是自繁自用。那么繁、养如何匹配才算合理呢？稻虾田养殖需要多少苗种？这些苗种又需要多少面积和种虾才能繁殖出来？而且又要恰到好处，既不会太多又不

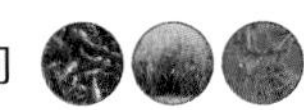

会太少呢？这些数据是如何计算的呢？要把这一连串的问题弄清楚，没有前期的研究和生产实践积累则一个个确实都是难题。笔者通过多年的研究和生产实践，已将一个个难题逐一化解，总结出了一句话，就是“繁养二八开、早晚各一半”。就是苗种繁殖的面积占整个稻虾田的20%，这其中的大约一半面积用于繁殖早苗（养殖“稻前虾”），而另一半用于繁殖晚苗（养殖“稻中虾”）。苗种繁殖的亲虾投放量为50千克/亩左右，一般繁殖的虾苗量为8万尾/亩左右，若养殖时投放密度为6000尾/亩左右，则可养殖13亩左右，已经超过繁养面积比的10%，这样既具有一定的安全系数，也可以根据市场需求，出售多出的部分虾苗。

繁养分区是指将稻虾田根据繁养匹配合理进行分区，一般进行“三区”分设。一是亲虾驯养区，主要培育繁殖虾苗的亲虾，根据出虾苗的早晚又可分为早亲虾驯养区和晚亲虾驯养区；二是虾苗繁殖区（图3-199），主要用于繁殖小龙虾苗种，根据出虾苗的早晚又可分为早苗繁殖区（图3-200）和晚苗繁殖区（图3-201）；三是成虾养殖区（图3-202），主要养殖错峰上市的早虾“稻前虾”和晚虾“稻中虾”。亲虾驯养区和晚苗繁殖区总面积可占整个稻虾田面积的10%。因为，养殖“稻中虾”晚苗投放密度较低，常为4000尾/亩左右，需要的繁殖面积相对较少，仅为早苗的60%左右。

繁养轮转是指繁殖区和养殖区可每年或每季进行轮转。如亲虾驯养区的亲虾投放结束后，其功能随即可以转换为虾苗繁殖区，虾苗繁殖结束后其功能又随即可以转换为成虾养殖区（图3-203）等。这样，大部分占80%的养殖区秋冬季节都可在晒塘、消毒灭菌、清除野杂鱼后种植水草，为翌年养殖“稻前虾”做准备（图3-204）。

图3-199　苗种繁殖区冬季上深水保温

图3-200　冬季稻虾田早苗繁殖区

图3-201　春季在晚苗繁殖区观察苗种生长情况

图3-202　晒田后环沟种植水草准备养殖“稻前虾”

图3-203　及时捕获小龙虾苗

图3-204　养殖区冬季彻底晒田

57 如何养出提早上市的“稻前虾”大虾？

“稻前虾”养殖是一项系统工程，包括消毒除杂、水草种植、改底解毒、疾病防控、水位调控、肥水控苔、水草调控、虾苗投放、营养调控、适时捕捞等关键环节。

（1）消毒除杂。“稻前虾”养殖时间为上一年水稻收割后，或早苗繁殖区苗种捕捞后，到下一年水稻栽插前。利用水稻收割后、水草栽插前的空白田或浅水位，适时为稻虾田进行彻底的消毒灭菌、除野杂鱼。这样既可以通过晒塘，利用太阳光线中的紫外线直接杀灭稻虾田病菌，同时又可以因水位浅节省生石灰等用量，一般每亩生石灰用量为100千克左右。一年只在稻田养殖一茬“稻前虾”，实施“一稻一虾”模式的，稻田四周可不挖大环沟，但必须加高加固田埂（图3-205、图3-206），以提升水位，便于种草养虾。

图3-205　不挖环沟只围网的“稻前虾”养殖田

图3-206　单养“稻前虾”可不挖大环沟，但要加高四周圩埂

（2）水草种植。水稻收割后，先让田面充分暴晒一段时间，再在田面上及时种植沉水型水草（图3-207），如伊乐藻（图3-208）等，并随着水草的生长逐步提高水位（图3-209），到翌年1—2月最冷的季节，水位应达到田面60厘米以上，以提升水温、促草生长、控制青苔（图3-210）。

图3-207　水稻收割后在田面稻秸秆行间，条带状种植沉水型水草

图3-208　生长良好的“稻前虾”田伊乐藻

图3-209　随着水草的生长逐步提高水位

图3-210　“稻前虾”养殖的水草种植

（3）改底解毒。一是改底。利用净水–改底型稻虾田专用生物制剂调节水质。该菌剂是富含乳酸菌、酵母菌、光合细菌等活性益生菌的EM菌，具有净化水质、改良底质等功效。EM菌能有效降低水体和消解淤泥中的有机物、氨氮、亚硝酸盐和硫化氢等有害物质。一般每亩每米水深用量为0.5～3千克，并视水质情况每10天左右使用一次。二是解毒。用解毒类制剂解毒。解毒类制剂富含益生菌和有机酸或过硫化物，具有降解消化有机物、氨氮、农药残留、硫化氢、重金属等功效。具体使用量和使用次数参照产品说明书执行，水体污染严重时可适当加大用量。三是疾病预防。培植益生菌防控病原菌，就是利用强大的益生菌群体及其衍生物将稻虾田生态环境中的致病菌的生存空间挤压到最小，或致其死亡，从而不会引起小龙虾发病。如稻虾田每10～15天，每亩每米水深泼洒1次EM菌液或芽孢菌液改良和稳定水质，控制致病菌（图3–211）。

图3–211　“稻前虾”水体消毒改底

（4）肥水控苔。水草种植后的整个秋冬季节，稻虾田的水位、水质均应调控好，否则会导致青苔暴发。关键点在于两个方面：一是提升水位；二是培肥水质。肥水一般用经腐熟的有机肥、市售肥水类产品等，配合使用腐殖酸钠等遮光剂效果更佳。使用腐殖酸钠时，应确保有三个以上的晴天，阴雨天使用则效果差。春季天气变暖后尽早肥水控苔（图3–212）。青苔孢子主要潜伏在稻虾田底部的土壤中，一旦水位浅、能见度高，阳光容易透过水体直射到底部，青苔孢子在光合作用的条件下迅速生长发育，大面积暴发。因此，秋冬早春的低温季节是肥水控苔的关键季节，该时期持续时间长，低温肥水又很困难，应引起高度重视。

图3–212　早春肥水控苔恰到好处

（5）水草调控。以水草覆盖率50%左右为标准（图3-213），整个“稻前虾”养殖区域水草量应基本平衡，原则是取多补少，过多时人工割除（图3-214），过少时及时添加。

图3-213　水草量合理的“稻前虾”田

图3-214　水草过多时应人工割除

（6）虾苗投放。在3月水草丰盛时节，一般于3月中旬，就近选择优质虾苗，或者用自主培育的虾苗养殖“稻前虾”（图3-215）。虾苗消毒：虾苗投放前，应用3%～4%的食盐水浸浴2～3分钟消毒，也可以用生物消毒剂（如蛭弧菌）泡苗杀灭小龙虾本身携带的病菌等。然后再放置到环沟水边试水，使虾苗逐步适应稻虾田的水温和水质。让虾苗自行入水：放苗时应将虾苗倾倒在沟边的水草上（图3-216），由其自行入水。万万不可直接将虾苗倾倒在水草较少甚至无草的深水区，以免造成大量虾苗窒息死亡。适宜密度：每亩投放6000尾左右。抗应激处理：虾苗进入稻虾田后应泼洒抗应激物质，如泼撒维生素C、维生素E、多糖类物质等，具体使用量和使用方法按产品的说明执行，以增强虾苗体质、提高抗应激能力、降低死亡率。

图3-215　优质小龙虾苗种

图3-216　“稻前虾”田合理的三层水草

（7）营养调控。小龙虾苗种投放后，一般经过2～3天的适应期，就必须投喂适量的成虾养殖专用饲料（图3-217）。一个养殖周期约45天，如小龙虾目标产量要达到150千克/亩，则合理的饲料投喂量为75千克/亩左右，且先少后多，每天视投饵台上小龙虾吃食情况，及时调整投喂量。切忌将饲料满稻虾田抛撒，如此投料利用率极低，在浪费饲料的同时还败坏水质。“稻前虾”养殖期为3—4月，应投喂蛋白质含量为28%左右的成虾养殖专用饲料，具体投喂量应根据虾生长发育状况及天气、水质、疾病等灵活掌握，每天投喂1～2次，以傍晚投喂为主，投喂量占日投喂量的70%左右（图3-218）。在阴雨天气或疾病发生时，投喂量应适当减少或停止投喂。

图3-217　小龙虾成虾养殖专用饲料

图3-218　傍晚在环沟四周均匀投喂

（8）适时捕捞。“稻前虾”养成后，应及时捕捞上市。江淮地区春季气候适宜养殖规格大的高品质小龙虾（图3-219、图3-220），上市越早价格越高，通常应在4月底至5月初捕捞完毕。

图3-219 养成的“稻前虾”大虾

图3-220 养成的单尾大规格“稻前虾”

58 如何养出推迟上市的“稻中虾”大虾？

“稻中虾”养殖更是一项系统工程，在养大虾的同时还应种好稻。包括提前育秧、消毒除杂、种草养草、虾苗投放、大苗栽插、水位调控、绿色施肥、绿色投饵、绿色防控、适时捕捞等关键环节。现在“稻中虾”养殖技术经笔者多年创新实践，可在水稻生长季养殖两茬大虾，分别是6—7月养殖一茬（图3-221），8—9月再养殖一茬（图3-222），但前提是要有优质虾苗。

图3-221 第一茬“稻中虾”大虾田间状况

图3-222 第二茬“稻中虾”大虾田间状况

（1）提前育秧。水稻可提前到4月底至5月初育秧，提倡长秧龄大苗机插，秧龄可达25～35天，秧苗高度可达25～40厘米（图3-223、图3-224）。

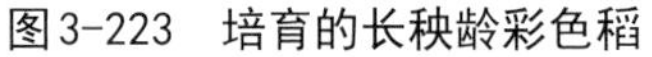

图3-223 培育的长秧龄彩色稻

图3-224 培育长秧龄钵苗壮秧

（2）消毒除杂。“稻前虾”捕捞后应及时彻底清塘。清塘一般每亩每米水深用20%的聚维酮碘100毫升左右，具体使用时应根据产品说明书规范使用；环沟中的野杂鱼，每亩每米水深用20千克左右的茶籽饼，经腐熟24小时后，撒入水体，待野杂鱼大量浮出水面后，用网捞出，晒干或冰冻后可用作小龙虾饲料。新开的稻虾田可用生石灰抛撒消毒，一般每亩每米水深用100千克左右（图3-225）。

图3-225 环沟生石灰消毒

（3）种草养草。清塘后约一周，环沟内复水补种或养好水草，此时环沟应种植耐高温的轮叶黑藻（图3-226）或苦草等，为“稻中虾”放苗营造良好的水草环境。田面上原养殖“稻前虾”的沉水型水草在太阳的暴晒下很快枯萎，复水后如很快腐烂即成为水稻的有机肥肥源（图3-227），因此可直接插秧，不必再旋耕、耙地。如在稻虾共作时期部分水草能够存活，则更有利于小龙虾生长发育。

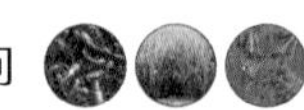

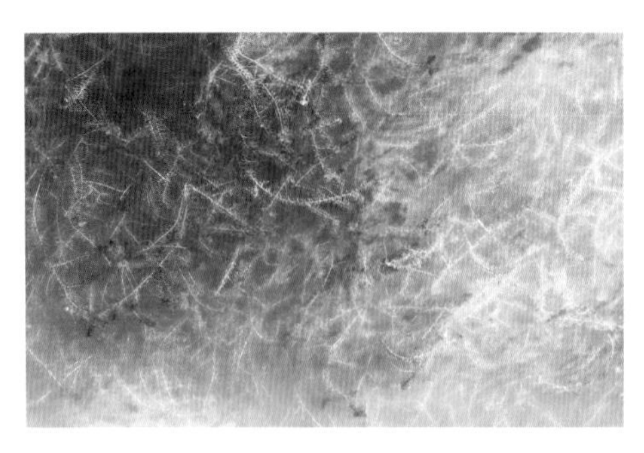

图3-226　环沟内种植轮叶黑藻

图3-227　将滩面上的伊乐藻晒死后用作水稻肥料

（4）虾苗投放。一般的“稻中虾”的养殖时间上从5月底至6月初开始放苗（图3-228），到水稻拔节后生长中期的7月底至8月初结束。先将“稻中虾”的晚苗每亩4000～5000尾投放于环沟内暂养（图3-229），待水稻移栽活棵后，提升水位将小龙虾赶入稻田（图3-230），进行稻虾共育。如果有更晚的虾苗，还可以在8月中旬前茬“稻中虾”捕获后，投放虾苗养殖后茬“稻中虾”。

图3-228　投放优质小龙虾苗种

图3-229　水草上的虾苗自行入水

图3-230　水稻活棵返青后即升水赶虾进田

（5）大苗栽插。稻虾田插秧一般采用大苗机插法，插秧机也是稻虾田专用的深泥脚侧深施肥插秧一体机（图3-231）。一般秧龄达25天以上，移栽后就可提升水位将环沟内的虾苗释放进稻田。如此，可以通过“水压草、虾吃草”的控草方法避免草害发生。如果没有专用插秧机，也可采用人工大苗栽插（图3-232）。

图3-231　深泥脚侧深施肥大苗栽插机

图3-232　宽行宽株大苗人工栽插

（6）水位调控。稻虾共育后，水稻不搁田，同时水位还应随着水稻的生长逐步提高（图3-233），到夏季高温季节应达到最高。一般株高1.2米以上的“高富帅”水稻，田面水位应维持在30厘米以上，1.6米以上的高秆稻，田面水位可维持在40～50厘米。水位越高（图3-234），小龙虾生长越有利（图3-235），养殖的“稻中虾”产量越高。一般稻虾田环沟持续维持高水位（图3-236、图3-237），则会在水稻茎秆上留下明显的颜色较深的水痕，即水位标线（图3-238）。夏季水位忽高忽低不稳定，极易引起小龙虾应激，不利于虾生长。

图3-233　“稻中虾”养殖过程中分蘖期高水位管理

图3-234　“稻中虾”养殖过程中拔节期高水位管理

图3-235　高水位管理下小龙虾茁壮成长

图3-236　抽穗期的高水位管理

图3-237　“稻中虾”养殖过程中成熟期保持高水位

图3-238　持续高水位遗留的稻秆水痕

（7）水质调控。夏季高温季节，视水质状况应每周换新水1次，一般晚排晨灌，每次换水约1/3，以保持水质清新（图3-239），促进水体循环。

图3-239　营造良好的“稻中虾”水体环境

（8）绿色施肥。在水稻移栽前每亩施入1～2吨的腐熟有机肥，或100千克/亩左右的饼肥，或含氮磷钾50%左右的缓控释稻虾专用肥25～30千克，在插秧时通过侧深施肥插秧一体机（图3-240）一同施入秧行泥土中，之后根据水稻的生长情况，适时补施适量的液态有机肥或尿素，禁止使用颗粒状高浓度复合（混）肥做追肥，提倡使用稻虾共育专用液态肥、肥水类产品等，以免小龙虾误食。

图3-240　长秧龄钵苗插秧机田间作业

（9）绿色投喂。种植养护好环沟内的水草，培育好水体中的浮游生物和底栖的螺蛳，将它们作为“稻中虾”的天然饵料来源。“稻中虾”的成虾养殖专用饲料投喂量按每亩100千克成虾目标产量规划，在一个养殖周期内投喂50千克。由于“稻中虾”养殖正值夏季高温时节，水温甚至达到30℃以上，此时小龙虾食欲不振，生长速度减缓，有时甚至因应激反应开始打洞夏眠。为避免此类现象发生，除尽量提升水位外，应在人工饲料中添加适量的拌饵类产品，促进小龙虾摄食。使用时直接添加或稀释后均匀喷洒在饲料上，具体用量和使用方法参照产品说明书执行。稻虾田也可以使用自动投饵机（图3-241），选择成虾养殖专用饲料，在环沟内定时、定量投喂。

图3-241　稻虾田自动投饵机

（10）水草养护。夏季高温季节水草也容易老化死亡，尤其是伊乐藻，不耐高温。此时应在水体中泼洒益草素，增强水草生长活力（图3-242、图3-243），延缓衰老速度和防止死亡后败坏水质。确保小龙虾良好的生长环境不受破坏。益草素含有多种益生菌及其代谢产物、增效剂和微量元素等，使用后能使水草叶色转绿（图3-244、图3-245），有预防烂草、促进水草生根发芽、防止水草衰败和提高水草活性的功效。一般益草素用量为每亩每米水体0.5～1.0千克，使用时稀释500～1000倍后全池泼洒，每10～15天使用一次。

图3-242 “稻中虾”的环沟水草丰度以70%为佳

图3-243 环沟内的空心菜

图3-244 环沟水面草水花生、水葫芦、水浮萍生长良好

图3-245 适合小龙虾生长的环沟草

（11）绿色防控。稻虾田由于长期处于泡水状态、田间湿度大，在水稻生长的高温高湿季节有时会导致稻瘟病、稻曲病、水稻纹枯病等主要病害的发生危害，此时应提升水位，必要时用无人机开展化学防控（图3-246），但一定要注意用药安全；虫害方面则以二化螟、稻纵卷叶螟、飞虱为主，一般采用性诱剂和杀虫灯加以防控（图3-247）。无论稻和虾，均应贯彻防重于治的绿色

防控策略。

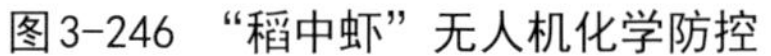
图3-246　“稻中虾”无人机化学防控

图3-247　性诱剂、杀虫灯诱杀害虫

（12）适时捕捞。盛夏高温季节正是小龙虾餐饮业最火爆的黄金时期，食客大增。但由于自然界的小龙虾供应期高峰已过，市场上出现了频频断货、高品质大规格小龙虾更是一虾难求的局面。此时若稻香虾肥，高品质“稻中虾”大虾养成（图3-248至图3-250），不亚于是异军突起，填补了市场空档期，而且价格会异常坚挺，效益大增。捕捞时应持续缓慢降低水位（图3-251），此时捕获小龙虾可以满足市场需求。

图3-248　稻茂水深有利于虾生长

图3-249　养成的“稻中虾”大虾个体

图3-250　养成的“稻中虾”群体

图3-251　捕捞时逐步降低水位，小龙虾随水流进入环沟

59 如何实现从“大养虾”到“养大虾”的转变?

“大养虾”形成的背景众所周知，主要是21世纪初以来小龙虾长期供不应求所致，价格持续攀升，受利益驱动，许多社会资本和农户相继投入到养殖小龙虾的行业中，形成了“养虾潮”。但是，随着养殖面积的不断扩大及养殖模式的陈旧老化，小规格的虾逐步成了市场的“弃儿”，而规格大、品相好的大虾却始终是市场的“宠儿”。因此，生产必须以市场为导向，从“大养虾”到“养大虾”的根本性转变势在必行。

那么，生产上如何才能够实现从“大养虾”到“养大虾”的转变呢?关键在于以下四个方面。一是彻底改变自繁自育的养殖模式，目前生产上稻田养虾基本上都是采取传统落后的自繁自育的养殖方法，长期不清塘、不换种，稻虾田始终都是三代同塘，密度无法控制，存塘虾数量无法计算，疾病蔓延传播等，小龙虾的规格始终养不大，而且有越养越小的趋势。因此稻田养虾模式必须推陈出新，实行良种良法配套，最好的方法就是“茬茬清”的繁养分区和配组繁殖、投苗养殖。繁苗时通过筛选优质亲本和亲缘较远的种群间交叉配组，解决小龙虾长期近亲繁殖种性持续退化的问题，同时通过繁养分区，解决近年来苗种无序化生产、产量严重过剩问题，要科学配置养虾数量和繁殖虾苗数量，实行投苗养殖。近年来通过笔者的合作团队不断地深入研究和生产实践，养大虾技术已日臻成熟。无论是养殖“稻前虾”还是“稻中虾”都能够实现养大虾，从生态环境的营造和气候条件出发，“稻前虾”养大虾更容易实现（图3-252），两虾（俗称“炮头虾”）以上的比例更大。扬州大学生村官张超养殖“稻前虾”，90%以上达到两虾规格，被称为养虾“超哥”，甚至单体重量超75克的大虾也很多见（图3-253）。而“稻中虾”在同样的养殖周期内，由于高温的因素，小龙虾个体要略小，但达到两虾规格的也很多，扬州芒稻田园综合体45天养殖实践也能达到80%以上（图3-254）。二是为小龙虾营造适宜的生长环境，包括水草环境和水体环境两个方面。生产上环沟内两层甚至三层水草的科学配置、保持水草50%覆盖率，避免水草忽多忽少影响小龙虾生长。水系应灌排分开，各成体系，水质、水位、水温等应及时调控到适宜的虾居环境。尤其是在夏季高温时期，实现持续高水位管理，在降低水温的基础上，实现深水种稻养虾的“双赢”（图3-255）。三是使用专用的稻虾田专用投入品，避免对小龙虾产生应激反应和毒害作用。目前生产上，稻虾田专用的肥料、饲料和生物菌剂等产品质量良莠不齐，甚至根本没有安全性，而且使用方法也极不科学，如用猪饲料冒充小龙虾饲料喂虾引起小龙虾消化不良、生长停滞，化学肥料抛撒造成小龙虾误食导致肠炎发病，化学农药施用造成小龙虾中毒死亡等事件比比皆是，即使小龙虾存活下来，也很难长成大虾。四是严格控制投放密度，“稻前虾”亩投6000苗、“稻中虾”亩投4000苗，始终坚持走低密度养大虾的市场需求路线，实行定量养殖、定向培育。

图3-252　肥美的“稻前虾”

图3-253　规格大而整齐的“稻前虾”

图3-254　养成的“稻中虾”大虾

图3-255　“稻中虾”养大虾的现场示范

60 如何养出高品质小龙虾?

衡量小龙虾品质的优劣主要是外在品质与内在品质两个方面。外在品质俗称品相，品相好的小龙虾一般要具有“白富美”特质。“白”即腮白、腹

白、肉白（图3-256至图3-258），“富”即营养丰富（虾质优良、含肉率高）（图3-259、图3-260），“美”即体型匀称，且高大威猛；内在品质包括营养性指标（蛋白质、氨基酸、维生素等）、安全性指标（农药残留、重金属残留、有害微生物残留、有毒物质残留等）等。因此，养殖的全过程要绿色生态，具体要从以下五个方面入手：一是在稻虾田营造适合小龙虾快速生长的水体环境，如水系配套、水质优良、水位合理、水温适宜；二是构建良好的水草环境，如挺水型水草、浮水型水草、沉水型水草配置合理，生长茂盛等；三是选用或培育优质小龙虾苗种，如苗种种性好、生长速度快、不带菌等；四是选用品质优良不含有任何有毒有害物质的投入品，如专用饲料、专用肥料、专用生物菌剂等；五是全方位防控小龙虾天敌，避免惊扰和捕食小龙虾，如鸟、蛇、癞蛤蟆、青蛙、鼠等及各种野杂鱼等。

图3-256　腮白

图3-257　腹白

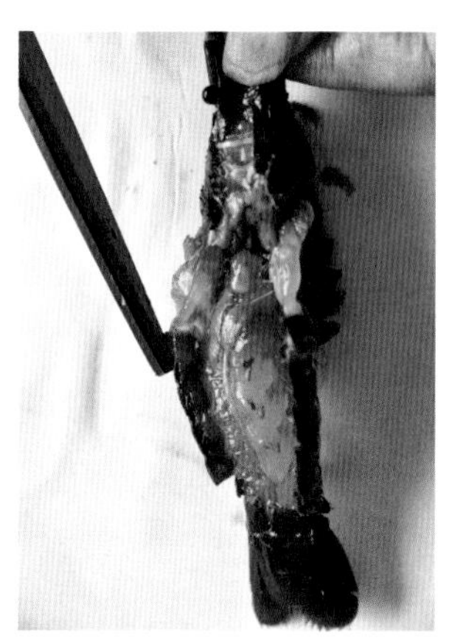

图3-258　肉白

图3-259　“白富美”龙虾清蒸时的捆绑法

图3-260　“白富美”龙虾清蒸后的美味食品

61 如何捕获小龙虾？

小龙虾的捕捞通常采用地笼捕捞法，而且采用大眼地笼捕大虾，中眼地笼捕捕中虾，小眼地笼捕小虾或虾苗。地笼一般在傍晚投放、早晨收笼，且收虾时间越早越好，防止在笼中时间过长、密度大，造成自相残杀。地笼投放时应根据田块的形状，在田面或环沟将地笼首尾相接围成一圈（图3-261），有利于前期大量和快速捕捞（图3-262）。到后期捕捞时应避免满稻虾田深水位布设笼网（图3-263），这样捕虾既费工又费力（图3-264），此时应降水捕捞。如捕获“稻前虾”时先缓慢降水（图3-265），每天降水3～5厘米，当最后田面水接近10厘米时，选择鸟类活动减少的夜晚，逐步把水位降至环沟内，将稻虾田滩面上的小龙虾全部赶至环沟中，最后在环沟中用地笼、抄网等将成虾捕净。切忌较大幅度地突然降水，造成小龙虾来不及随水流爬行到环沟，只能躲藏在滩面上的水草丛中很难捕捉。而且小龙虾暴露在水草丛中的时间太长时，一旦鸟类发现有大量的小龙虾滞留在水草丛中，小龙虾则会被鸟类取食，从而造成损失（图3-266）。“稻中虾”一般在8月高温季节捕捞（图3-267至图3-269），应选择在水稻生长对水不敏感期或者搁田期，缓慢降水至环沟后用地笼、抄网等捕捞。同样在小龙虾苗种捕捞期，尽量避免深水位费时费力捕捞（图3-270），也应降低水位集中快速捕获虾苗出售或转塘养殖。

图3-261　捕获小龙虾的地笼放置方法

图3-262　收获“稻前虾”时边倒笼边放笼

图3-263　不科学的地笼放置方法

图3-264　不降水捕虾很费时费力

图3-265　逐步降低水位集中捕捞

图3-266　降水至环沟后在滩面上捕食小龙虾的白鹭鸟群

图3-267　“稻中虾”成虾

图3-268　“稻中虾”种养结合稻香虾肥

图3-269　逐步降水捕获“稻中虾”上市

图3-270　传统的深水位捕获虾苗费时费力

第四章 稻虾产业的绿色营养关键技术

62 稻虾田的绿色营养如何把控？

稻虾田有丰富的生物质、有机质、矿物质等内生资源可以进行循环利用，已经形成了一条相对完整的食物链，但还应根据水稻、小龙虾营养需求规律，再投以适量的环境友好型肥料、饲料等投入品，最大限度地减少外部化石能源的投入，尤其是化学肥料的投入，以达到减肥、提质、增效的目的。稻虾田的外部营养主要来自肥料和饲料，稻和虾的施肥和投饵“双链”原则：利用稻和虾的食物链循环，促成稻和虾的产业链循环（图4-1）。即水稻、水草的秸秆全量还田后，其腐解的有机碎屑一方面变成小龙虾和浮游生物、底栖生物的植物性天然饵料，另一方面成为稻虾田下一轮水稻、水草、藻类等生长的有机肥料；投喂小龙虾的饲料，经小龙虾取食后排泄出的粪便，以及没有被取食的残饲，一方面变成了水稻和水草生长的肥料，另一方面则变成了浮游生物和底栖生物的饲料。而浮游生物和底栖生物又是小龙虾的天然饲料，小龙虾和浮游生物、底栖生物的残体又是水稻、水草和藻类生长的肥料。近年来生产实践表明，“稻前虾”养殖过程中种植的伊乐藻在水稻种植后，其中一部分依然可以在深水位管理条

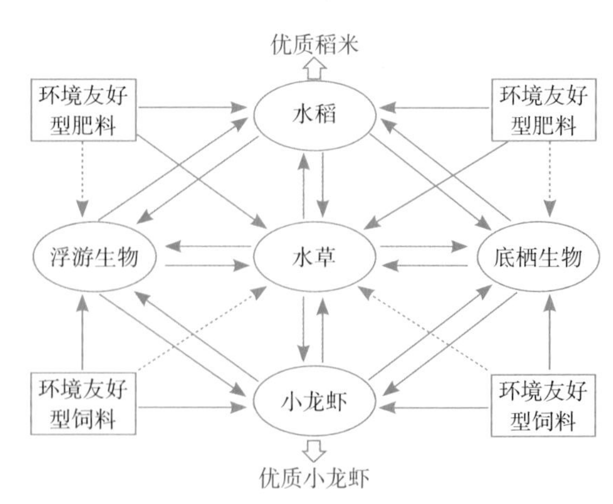

图4-1 稻虾综合种养绿色营养循环模型图

件下生长良好，为“稻中虾”的养殖提供了丰富的饵料资源，同时还营造了良好的生长环境。

63 什么是稻虾田“六位一体”的施肥观？

稻虾田应贯彻“六位一体”的绿色施肥理念。一是平衡施肥。根据水稻、水草、水体浮游生物（藻类等）和底栖生物（螺蛳等）营养需求，供给适量养分（图4-2、图4-3）。如每亩施用50%缓控释稻虾专用肥25～30千克，化肥减施率达50%以上。二是施腐熟有机肥。使用经腐熟的畜禽粪便（图4-4）、沼液沼渣、菌菇渣（图4-5）等有机肥和稻田养虾专用生物液态肥等，一般基施经腐熟的有机肥每亩1～2吨。三是秸秆还田。水稻秸秆自然腐解全量还田

图4-2　“稻中虾”平衡施肥试验初期

图4-3　“稻中虾”平衡施肥试验中后期

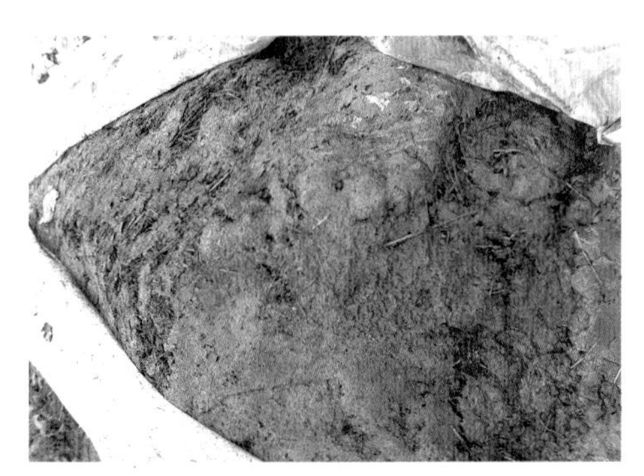

图4-4　畜禽粪便堆肥腐熟后的生物有机肥

图4-5　菌菇渣堆肥

（图4-6）。实际操作时可高茬收割，再将粉碎的水稻秸秆垒成草垛，既有利于水稻秸秆渐次腐解还田解决冬季低温肥水难的问题，不至于集中腐烂败坏水质，又能为小龙虾早苗越冬提供避寒场所（江淮地区10月孵化的早苗因越冬期个体很小不能掘穴越冬，只能钻进草垛越冬）。四是水草还田。水稻与田面沉水型水草采取轮作方法，一般水稻让茬后，田面应及时翻耕或直接种植沉水型水草，将水稻秸秆全量还田，养虾水草在成虾收获后，利用阳光暴晒，复水后栽插水稻，水草自然腐解成有机肥全量还田。养殖“稻前虾”的水草或稻后休耕种植的紫云英等、死亡后的水草残体可全部还田。五是虾排泄物及残饵还田。投入稻虾田的小龙虾专用饲料，一方面通过小龙虾摄入体内经消化吸收后形成了排泄物，另一方面小龙虾没有摄入的饲料形成了残饵，这些都自然还田成为稻虾田的肥料。六是灌溉养殖池塘富营养化水。将邻近稻虾田的水产养殖池塘的富营养化水引灌入稻虾田，一般每亩可消纳200～300吨，实现资源循环利用。

图4-6　使用秸秆腐熟剂的稻虾田秸秆

64 稻虾田施肥有哪些功效？

稻虾田施肥有四大功效，即肥稻、肥草、肥水、肥虾，形成良好的稻-虾-草生物食物链（图4-7）。一是肥稻。为稻虾田水稻的正常生长提供必需的营养成分。如有机质、大中微量元素等。二是肥草。“一稻三虾”水草重要保供期是“稻后繁苗”和“稻前虾”养殖期，环沟和田面均应种草，但都集中在秋冬和早春的低温季节。由于水温较低，稻虾田水草生长速度缓慢，施肥后养分易被水中藻类吸收，建议多施持效性长的腐熟有机肥。三是肥水。与肥草一样，肥水的关键点也是“稻后繁苗”和“稻前虾”养殖期的低温时节。因此，掌握好低温肥水技术十分重要。既要将水肥起来控制青苔暴发，又要培育好浮游生物、底栖生物，促进水草生长。四是肥虾。肥虾是通过肥水培育浮游生物、底栖生物和促进水草生长，提供给小龙虾充足的天然饵料资源来实现的。

图4-7　稻虾田应构建良好的生物食物链

65　养殖“稻中虾”如何施用缓控释肥料?

小龙虾极易将颗粒肥当作饲料误食，导致肠炎等疾病发生，严重时导致小龙虾烂肠从而发生大面积死亡（图4-8），所以在养殖“稻中虾”的过程中，严禁向稻虾田中抛撒颗粒肥（图4-9）。稻虾田使用颗粒状复合（混）肥作水稻或水草甚至肥水追肥时，应在水稻栽插时，通过侧深施肥插秧一体机（图4-10），同时将颗粒肥施入水稻秧行中间的根际附近，这样既可以保障水稻一生的营养需求，又避免了小龙虾的误食。长期的定位试验和生产实践表明，在确保施用一定的有机肥和饲料的情况下，稻虾田适宜的化肥施肥量是常规稻田的1/3～1/2。每亩施用50%缓控释稻虾专用肥（图4-11）25～30千克，在插秧时通过侧深施肥技术施入即可。

图4-8 小龙虾误食肥料后导致肠炎而死亡

图4-9 深水种稻养虾时施用颗粒化肥会导致小龙虾误食而死

图4-10 侧深施肥插秧一体机

图4-11 合作团队研发的缓控释稻虾专用肥

66 稻虾田肥水如何选择肥料？

如何使用农家肥肥水、肥田呢？传统农家肥（粪肥）肥水优缺点十分明显。优点是价格低廉、资源多、容易获得、持效性长，缺点是自身携带很多虫体、卵块、病菌、病毒等病原。农家肥分解速度缓慢、肥效迟缓，长期堆积易发生底臭、易滋生青苔和有害藻类等。如果要使用农家肥，正确的做法有两个：一是挖池沤熟，将农家肥放入池中，并添加厌氧发酵菌剂后，上口用黑膜密封充分沤制；二是堆肥腐熟，将农家肥及生物发酵菌剂混合后堆肥，用黑膜密封充分腐熟。使用农家肥后再适量使用含有多种益生菌的肥水类产品效果更佳。

如何使用化肥肥水、肥田呢？化肥种类有很多，有氮肥、磷肥、钾肥、复合肥等。化肥肥水的优点是肥效快、营养元素配比可控。但缺点也很明显，如肥效不持久，极易导致池塘水质指标（氨氮、亚盐、磷酸盐）短时间内大幅变化，引起小龙虾应激加重、藻相单一不稳定，而且利用率偏低等。

如何在冬季虾苗繁殖区开展低温肥水呢？无论是繁殖小龙虾早苗还是晚苗，整个冬季稻虾田都要肥水培育浮游生物，作为小龙虾幼虾饵料资源，同时控制青苔发生。由于冬季温度低，低温肥水很难肥起来，此时可以巧妙地利用水稻秸秆渐次腐烂达到肥水的目的。具体做法：水稻收割时留30～40厘米的高茬，然后将已经粉碎的秸秆垒成一个个60厘米高的草垛，之后通过调节水位的方法控制秸秆腐烂的速度，如果水质偏廋就逐步提高水位，让更多的秸秆接触水体诱发秸秆腐解，从而起到肥水的作用；如果水色呈茶褐色表明水体偏肥，则逐步降低水位、减少秸秆与水的接触面，达到减缓秸秆腐解速度、避免水质过肥的目的。

养殖“稻中虾”，即稻虾共作用时肥水应施用专用肥料，如生物有机类的稻虾共育专用肥（图4-12）等。

图4-12　合作团队研发的系列稻虾共育专用肥

67 青苔是怎么形成的?

青苔是苔藓植物的泛称，也称苔衣，虽不属于藻类，但与藻类伴生，且控制不好时严重危害稻虾生产。稻虾田的青苔常为翠绿色，附生在水底稻秸秆和水草上。青苔通常是水绵（图4-13）、水网藻（图4-14）、刚毛藻（图4-15）等一些丝状藻类的组合体，这些藻类特点就是在水瘦、光足、低温条件下快速生长，秋冬春季稻虾田正处于这种环境中。青苔先从塘底萌发生长，等到人们发现时已经成灾，又有稻秸秆作附着物，青苔的暴发更是一发不可收拾（图4-16）。控制青苔是稻虾田秋冬春季管理的一个重要环节。

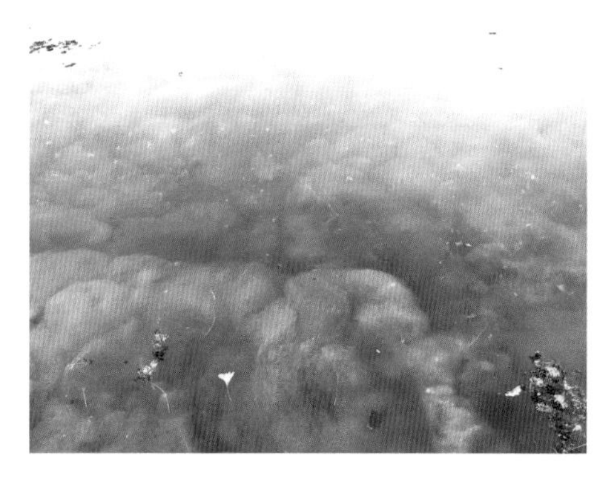

图4-13　稻虾田的水绵

图4-14　稻虾田的水网藻

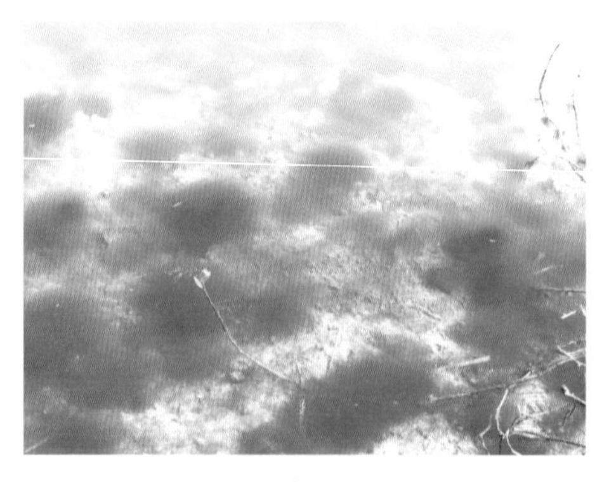

图4-15　稻虾田的刚毛藻

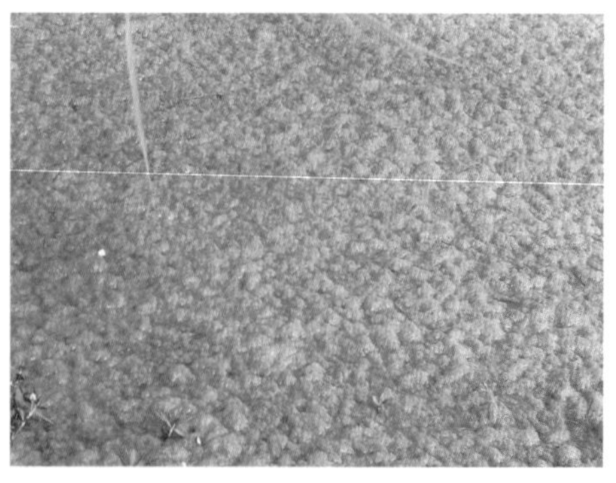

图4-16　稻虾田青苔暴发

多年的研究和实践表明，诱发稻虾田青苔（图4-17、图4-18）发生有八个方面的原因。一是孢子多。稻虾田秋冬季节由于繁育“稻后虾苗”不能排水和彻底晒塘，或非繁殖池疏于排水、晒塘管理，导致存田青苔孢子在条件适宜时快速生长。二是水位浅。秋冬季节稻虾田的水位都在20厘米高左右，阳光能直射到田底，青苔光合作用强，为青苔快速生长提供了有利条件。三是水流进。秋冬春季稻虾田都要不断地灌水，青苔则随水流进入。四是水草带。移植水草时，附着在水草上的青苔趁机而入。五是阳光足。青苔是附着在底泥上生长的，需要进行光合作用合成营养物质，光照充足时会造成青苔大量繁殖。六是水温低。秋冬季节，稻虾田水温持续在10℃以下，十分适合青苔生长，而其他有益藻类的活性却比较差，繁殖速度很慢，青苔就成了优势藻类。七是水不肥。秋冬季节通常水温偏低，水难肥则青苔容易暴发。八是附着好。稻虾田里水稻秸秆、环沟旁的枯枝野草、水底的烂草根茎、有机碎屑等为青苔生长发育提供了温床。

图4-17 稻虾田环沟青苔快速生长

图4-18 稻虾田环沟青苔暴发

68 青苔有什么危害?

稻虾田青苔暴发（图4-19）的危害主要有七个方面。一是缠草。青苔常依附在水草上生长，与水草争夺阳光、营养和生存空间，而限制水草生长（图4-20）。二是缠虾。小龙虾有攀附习性，尤其是在蜕壳时期需要隐蔽，更喜攀附在有青苔附着的水草上，此时青苔的丝状体很容易缠绕住虾体，使虾难以挣脱，造成死亡。三是争肥。青苔生长消耗了水体中的大量营养物质，使浮

游生物和水草得不到足够的营养而生长繁殖速度缓慢。四是瘦水。人工肥水时大量营养物质被青苔吸收，导致稻虾田肥水困难、水质清瘦。五是排毒。死亡后的青苔有机体分解会产生硫化氢和羟胺等有毒物质，诱发水质发黑、发臭和氨氮超标。六是耗氧。大量青苔有机体死亡后分解会消耗水体中的溶氧，造成水体缺氧和小龙虾窒息死亡。七是致病。青苔大量腐烂后不仅会影响小龙虾的壳体色泽，还会诱发小龙虾的黑鳃病、水肿病等。

图4-19　稻虾田水体布满青苔危害严重

图4-20　稻虾田环沟青苔缠草

69 如何控制青苔的暴发?

水浅水瘦是诱发青苔暴发的主要原因，因此提升水位、肥水遮光是控制青苔暴发的最好方法。秋冬季节水位一般保持在40厘米以上，并保持一定的浊度，青苔便不容易发生（图4-21）。肥水控苔的方法重要的是肥水，水的肥瘦一般以水的透明度来判定，一般水的透明度以30厘米为宜，大于40厘米则水偏瘦，小于20厘米则水偏肥。秋冬季节一般用还田秸秆、腐熟有机肥或氨基酸肥水类制剂培肥水体，既能产生浮游生物供虾苗摄食，又能控制青苔暴发。同时配合种草遮光，按照50%的水体覆盖度种植水草，以及配合使用生物菌剂或遮光剂，如复合益生菌（如EM菌）、腐殖酸钠、黄腐酸钾等，则效果更佳。当发现稻虾田有青苔发生时，应及时提升水位，并肥水控苔（图4-22）。如控制失败，导致青苔暴发，通常采取排水晒田杀灭青苔（图4-23）。

图4-21　肥水种草控制青苔

图4-22　青苔局部暴发时应快速升水肥水控制

图4-23　降水位晒田杀灭青苔孢子

70 有青苔就必须除掉吗？

稻虾田的青苔也不完全是一无是处，适量的青苔对小龙虾生长还是有益处的（图4-24）。一是可以增加水体溶氧；二是能吸附和降解水体中的有毒有害物质，控制蓝藻暴发和净化水质；三是为小龙虾提供含大量纤维素的天然饵料，增强肠道的代谢功能；四是夏季高温期养殖“稻中虾”可降低水温。但是一旦青苔失去控制导致暴发性生长也会产生危害，因此要将其控制在一定的安全范围内，通常青苔覆盖面小于水体的30%不会严重影响稻虾田小龙虾的生长，但超过30%就必须严加防范，及时控制（图4-25）。在及时采取肥水控苔的同时，其他的控苔方法也可应用，如清除过多的池底淤泥（底泥厚度不超过10厘米），并排干田水，用生石灰100千克/亩全池泼洒后暴晒，或者选择晴

天上午，稻虾田水面用草木灰（干灰）25～30千克/亩在上风口的岸边抛撒，使草木灰均匀地覆盖在青苔上面，一般施草木灰3天后青苔开始死亡，7天内全部死亡下沉。同时还应注意在给稻虾田进水的时候，不要带入青苔。

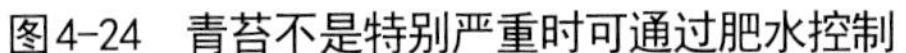

图4-24　青苔不是特别严重时可通过肥水控制

图4-25　青苔暴发后必须及时处置

71 稻虾田如何利用微藻和保持藻相平衡？

微藻在稻虾综合种养中作用很大，主要是维持稻虾互利共生和生态系统的平衡。一是微藻的增氧作用。藻类拥有叶绿素a和胡萝卜素，可进行光合作用，为稻虾生长提供充足的溶解氧。而且由于不同的藻类分布在不同的水层，因此对水体有全方位立体增氧的功效。二是微藻的解毒作用。游离态的氨和亚硝酸盐对小龙虾有毒害作用，但在稻虾田投放适当饵料微藻，如小球藻可以直接吸收利用氨氮、亚硝酸盐，同时释放出的氧气还可促进硝化细菌对氨氮、亚硝酸盐的硝化，促进物质的循环利用，保持稻虾综合种养生态系统的良性循环。三是微藻的营养作用。微藻含有丰富的蛋白质、维生素及微量元素等，对小龙虾的生长具有明显的促进作用。不同藻种营养成分有一定差异。生产上通常将多种藻类混合，有利于养分的均衡供给。微藻还可以用于饲喂轮虫、卤虫、桡足类、枝角类等次级饵料生物，满足幼虾对优质次级饵料的需求。目前已开发利用的微藻有小球藻（图4-26）、盐藻、硅藻（图4-27）、角毛藻、三角褐指藻、等边金藻、中肋骨条藻、异胶藻、扁藻、新月菱形藻等40多种。这些优良藻种尤其是在小龙虾规模化苗种生产中将发挥更加重要的作用。

水体偏瘦、偏肥都会影响藻类生长。一般稻虾田常见的藻类有蓝藻、隐藻、甲藻、金藻、硅藻、裸藻等。当各类藻种相互制约时，某种藻种的优势种群就无法形成。但当施肥不当等原因导致稻虾田中某一种藻类在短时间内暴发时，水华就极易形成。水华会导致其他藻类大量死亡，加速水体腐败和溶氧消耗，产生大量的氨氮和亚硝酸盐等有害物质，造成小龙虾集中死亡。因此，必须稳定稻虾田藻相群落，形成良性循环，这就需要广大种养户必须实时对水体各项指标进行监测，并及时采取应对措施。目前，为稻虾田开发的智能管理系统已处于示范应用阶段。

图4-26　小球藻液态产品样品

图4-27　硅藻

72 哪些是有害微藻？

稻虾田有害微藻通常是多发性的，即几种藻类同时发生，如蓝藻、绿藻、微藻并发等（图4-28）。

（1）水绵、双星藻、转板藻。常在稻虾田浅水处生长，形状呈缕缕细丝，故也称丝状体植物。当其衰老时会与根部断离，形成一团团乱丝漂浮在水中，小龙虾误入其中往往会被缠绕而死。同时，严重影响浮游生物对光的吸收和水温的提高，大量消耗水中的养分，使稻虾田水体变瘦，滋生青苔，形成恶性循环。

（2）水网藻。俗称绿丝毛藻，多发生在浅水的稻虾田中，因其藻体结

集后形如网带，幼小的小龙虾误入网中很难挣脱，导致呼吸和摄食困难而死亡。

（3）铜绿微囊藻（铜锈水）（图4-29）、水花微囊藻。多发生在高湿季节，特别是在水温28～30℃、pH8.0～9.5时生长速度最快。当藻类生长繁盛时，稻虾田水体缺氧诱发小龙虾产生应激而窒息死亡，而当藻类大量死亡后，体内的蛋白质快速分解，产生许多羟胺及硫化氢等有害物质，造成小龙虾大量死亡。

（4）多甲藻、裸甲藻（红水）（图4-30）。多发生在有机质含量多、硬度大、呈微碱性的高温稻虾田水体中，它们对水体环境变化非常敏感，如水温和pH突变就会大量死亡，并产生甲藻毒素，引起小龙虾中毒。

（5）小三毛金藻。能分泌中枢神经毒素，当稻虾田水体中小三毛金藻的数量超过3000万个/升，水色呈黄褐色时就会导致小龙虾死亡（图4-31）。

图4-28　蓝藻、绿藻、红藻暴发

图4-29　蓝藻暴发（铜锈水）

图4-30　稻虾田红藻暴发

图4-31　富营养化的黄褐色水体

73 哪些是有益微藻？

有益微藻如硅藻、小球藻可以用于饲喂轮虫、卤虫、桡足类、枝角类等次级饵料生物，满足小龙虾幼虾对优质次级饵料的需求。目前已开发利用的有益微藻有小球藻、盐藻、角毛藻、三角褐指藻、等边金藻、中肋骨条藻、异胶藻、扁藻、新月菱形藻等40多种，这些优良藻种尤其在小龙虾规模化苗种生产中将发挥更加重要的作用（图4-32）。

图4-32 在稻虾田使用有益微藻调节水体藻相

74 微藻与水色有什么关系？

（1）黄绿色。为硅藻和绿藻共生的水色，人们常说“硅藻水不稳定，绿藻水不丰富”，而黄绿色水则兼备了硅藻水与绿藻水的优势，水色稳定，营养丰富，此种稻虾田水色养殖的小龙虾活力强、体色光亮、生长速度快（图4-33）。

（2）浓绿色水（浓而不浊）。这种水色的水质看上去较浓，透明度在10厘

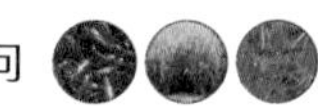

米左右，水中的藻类以绿藻为主，但水质偏肥不利于小龙虾的生长，应通过微生态制剂将水体透明度增加到30厘米左右。

（3）茶色、茶褐色。这种水色的水质较肥、活，施肥适量，水中的藻类以硅藻为主，如三角褐指藻、新月菱形藻、角毛藻、小球藻等，这些藻类都是水产养殖动物的优质饵料。稻虾田此水色中的小龙虾活力强、体色光洁、摄食消化吸收好、生长速度快，是稻田养虾的最佳水色。

（4）淡绿色、翠绿色。这种水色的水质看上去嫩爽（图4-34），透明度在30厘米左右，肥度适中，水中的藻类以绿藻为主，常见的绿藻有小球藻、海藻、衣藻等。绿藻能吸收水中大量的氮肥净化水质，小龙虾在这种水色稻虾田中的生长速度快、体色鲜亮。

（5）浓色或重色。稻虾田水色如过浓过重，则表明水体严重富营养化，有害藻类增多（图4-35、图4-36）。

图4-33　稻虾田黄绿色的水体

图4-34　稻虾田嫩爽的水色

图4-35　稻虾田环沟水体颜色艳丽，水体富营养化

图4-36　稻虾田水质恶化水色浓重

75 稻虾田底质如何调控?

目前生产上由于大多沿用稻虾连作或稻虾轮作、自繁自育等落后的稻虾生产方式，导致稻虾田长期处于淹水状态，将过去长期水旱轮作的稻田变成了长期淹水的稻虾田，再加上长期的水稻秸秆还田、水草腐烂还田、虾粪和残饵等有机物长期堆积，造成稻虾田淤泥增厚、底质过肥。底质过肥有以下三方面危害：一是藻类数量多，导致稻虾田水体透明度低、水色浓重、中下层水草光合作用减弱、供氧能力下降；二是生物有机体多，造成厌氧性微生物大量繁殖，增加氨氮、亚硝酸盐等有害物质的释放、底泥容易发臭；三是絮凝性改底剂增多，大量使用絮凝性制剂改底对有益微生物构成了极大危害，同时使病原微生物产生抗性，导致稻虾田逐步失去微生态平衡，丧失自净功能，底质日益恶化。稻虾田底质的优劣还直接影响水质的好坏，因为底质里的病原菌会在沉积的底泥有机物中大量繁殖，并通过水体扩散传播，导致小龙虾发病甚至死亡。那么，如何判断底质不良呢？一是稻虾田出现黄褐色泡沫，且有异味不易散开；二是投饵台底部附着胶着物或黑泥；三是在光照强时稻虾田水体泛起大量气泡或气雾（图4-37）；四是水质浓稠藻类老化或倒藻，风吹过水面出现细密的水纹（图4-38）。

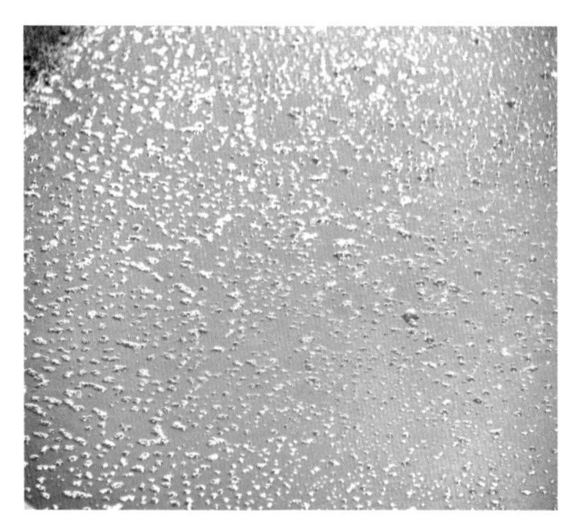

图4-37　光照强时稻虾田水体泛起大量气泡

图4-38　底质太肥，水体老化，水面出现致密波纹

76 稻虾田如何改底?

由于稻虾田小龙虾残饵、粪便及水稻秸秆和水草腐烂等有机质的富集，连同人工投饵、投肥及微生物活动产生的硫化氢、氨氮、亚硝酸盐、重金属等有毒有害物质增多，当出现这些不适合小龙虾生长发育的情况时，就应该及时进行改底，为小龙虾营造良好的生存环境。小龙虾是底栖生物，环境适宜时才会健康、快乐地生长。一旦底质中大量有机质积累得不到有益菌的分解，即会滋生有害细菌，并大量繁殖导致小龙虾发病。同时，底质恶化还会导致水草烂根死亡。底质的好坏又直接影响到水质，因此及时改善底质是改善水质的基础。一般老的稻虾田病菌多、底质肥，有害物多，新开挖的稻虾田一般病菌少、底质瘦、农残多，种养户都要根据具体情况进行相应的改底。

稻虾田改底方法有三类。一是物理方法。①清塘挖淤法。一般在冬季、早春等生产闲季或养虾换茬时进行。先排干稻虾田内的积水，然后清除环沟、田面过厚的淤泥。②物质吸附法。搅动环沟、田面底部的淤泥，投以沸石粉、活性炭等吸附性物质，吸附水体中的氨氮、亚硝酸盐等有害物质，但会发生底臭，不能从根本上解决问题。③太阳暴晒法。利用阳光暴晒稻虾田（图4-39），将其中的致病菌和青苔孢子等有害生物杀灭。二是化学方法。①生石灰清塘法（图4-40、图4-41）。生石灰遇水后会发生化学反应，放出大量的热能，可以中和淤泥中的各种有机酸，改变酸性环境，起到除害、杀菌、施肥、增钙和杀灭野杂鱼的作用。带水清塘一般是在总碱度、总硬度及pH都偏低的池塘。而池水和底质中钙离子浓度较大、碱度较高时，宜选用有机酸改底。②消毒改底法。用碘制剂、戊二醛等消毒杀菌，慎用二氧化氯、漂白粉等易伤草的消毒剂。用季磷盐降解有机质、抑菌效果明显，但对虾苗有刺激作用，苗期应慎用。③氧化改底法。如将过硫酸氢钾等片剂下沉到底质上，对底部淤泥进行氧化，使淤泥由黑变白或变黄，杀死或抑制底部病菌（细菌、真菌、病毒等），以及氧化硫化氢、亚硝酸盐、二价铁化合物、二价锰化合物等还原性有害物质等，达到改底除臭的目的。④解毒改底法。一般解重金属的毒性用乙二胺四乙酸（EDTA），解消毒剂的毒性用硫代硫酸钠，解农残毒性用果酸、多元有机酸等。三是生物方法。①使用光合细菌。光合细菌可以在光线微弱、有机物和硫化氢等丰富的池底繁衍，并利用这些物质满足自身需要，而其本身又被其他动物捕食，构成养殖塘中物质循环和食物链的重要环节，所以光合细菌在池底污染严重或水质不良，又不能换水的封闭式养殖池塘里能够发挥出重要作用。②使用复合益生菌（如EM菌）。稻虾田定期用复合益生菌，促进底质菌相平衡，利用益生菌分解有机质，竞争性减少有害病菌的滋生，如再定期使用复合微生物底质养护剂，则更能发挥菌种的协同作用，将残饵、排泄物、动植物尸体等分解，既养护了底质和水质，又控制了病原菌的滋生和危害。③使用蛭弧菌。用蛭弧菌消杀弧菌等。

生产上通常会将两种或三种方法一起用，确保改底净水效果（图4-42、图4-43）。但这要根据生产实际情况而定。但切不可将化学方法和生物方法同时使用，避免化学物质将生物菌剂杀灭，起不到应有效果。如确需使用这两种方法，必须错开使用时间，选择适宜的安全期使用。

图4-39　冬季晒田

图4-40　生石灰（氧化钙）

图4-41　生石灰清理环沟

图4-42　改底到位的稻虾田

图4-43　改底后的稻虾田水质清新嫩爽

77 小龙虾的营养需求有什么特点?

小龙虾是甲壳类杂食性底栖水生动物，稻虾田良好的水草环境（图4–44）能够满足小龙虾基本营养需求。但从营养需求角度分析确有其独特之处，一般成虾养殖期的饲料中蛋白质与脂肪的含量分别约为28%和6%，同时应富含维生素、钙质及锌、镁、铁等微量元素。蛋白质又分动物性蛋白质和植物性蛋白质，动物性蛋白质营养成分丰富价格贵，主要有鱼粉、肉骨粉、血粉、蚕蛹粉、昆虫粉、蚯蚓粉、乳类等。植物性蛋白质营养成分缺乏价格低，主要有豆类、油料、谷物、青饲料、饼类等。小龙虾饲料中动物性蛋白质与植物性蛋白质之比约为1∶3。小龙虾不同的群体的营养配伍应有较大区别，如小龙虾的

图4-44　“稻中虾”环沟良好的水草环境

仔虾配合饲料蛋白质含量要求在32%左右，成虾配合饲料蛋白质含量要求在28%左右，用于繁殖的亲虾培育饲料蛋白质含量要求在30%左右。

 小龙虾的饲料投喂和营养调控应注意什么？

首先是小龙虾成虾养殖。成虾养殖的饲料投喂方法可参照问题57的“营养调控”，这里不再赘述。其次是小龙虾亲虾培育。在小龙虾养成后，可选择适合做亲本的优质个体，经异种群配组后，进入亲虾培育期，无论是繁殖早苗还是晚苗，一般培育期也在60天左右，此时的投饲原则是亲虾亩投放重量∶亩投饲量约为1∶1。最后是小龙虾仔虾培育。投饲原则是亩目标虾苗产量∶亩投饲量约为1∶1，商品虾苗的培育期一般也在60天左右。

小龙虾蜕壳盛期的饲料管理：一般投苗后的20～45天是小龙虾的旺盛生长期，表现为蜕壳频繁且集中，在一个养殖周期不超过60天的时间内，小龙虾一般蜕壳4次。小龙虾蜕壳过程中会大量消耗体内能量，体质差的虾会发生蜕壳不遂而死亡，成活率大大降低。此时饲料管理的重点有三个，一是补钙，二是平衡营养，三是使用蜕壳类制剂。小龙虾的外壳主要成分是钙，如水中的钙含量不足就必须提前补钙。在肥水时可以添加一些磷酸二氢钙或生石灰，每亩每米水深用2.5千克磷酸二氢钙兑水泼洒，或在调水时定期使用生石灰化水全池泼洒，每次每亩每米水深用3～5千克；也可以按照0.5%的离子钙添加量与饲料搅拌后让小龙虾内服。根据小龙虾不同的发育阶段投入不同的人工配合饲料以平衡营养、增强体质。如苗种培育期粗蛋白质含量应达到32%，成虾养殖期应达到28%等。在蜕壳期到来之前合理使用蜕壳类产品，避免发生蜕壳不遂。

在稻虾田四周环沟内均匀设置投饵台，投喂时将人工饲料（图4-45）投放在投饵台上，通过早晨巡视投饵台上的饵料剩余情况，可判定小龙虾的吃食情况是否正常及投饵量是否合适。一般50亩左右的稻虾田设置20～30个投饵台。

图4-45　小龙虾专用颗粒饲料

79 稻虾田的稻米品质与普通稻米有何区别？

近年来，笔者注意到稻虾田的稻米品质比普通稻米有很大提高（图4-46），主要表现在三个方面。一是籽粒饱满，充实度高。稻虾田的水稻由于施用有机肥多、化肥少，且栽插密度相对较小，因此表现为穗大粒多，稻米籽粒饱满（图4-47），很少有垩白和心白。如金香玉1号品种常规种植时垩白很明显（图4-48）。二是色泽鲜亮，温润如玉（图4-49）。同一个水稻品种，来自稻虾田的色感与普通稻田完全不一样（图4-48、图4-49）。三是口感纯正，饭粒润滑。产自稻虾田的稻米经蒸煮后食用，口味更佳（图4-50）。因此，生产过程的减肥减药形成了提质增效的社会需求效应，未来稻虾田优质稻米的开发将引领市场消费的热潮。

图4-46　稻虾田的稻米品质与普通稻米比较

图4-47　成熟期丰优香占穗大粒多

图4-48　金香玉1号稻虾田与常规田稻米比较

图4-49　稻虾田丰优香占外观温润如玉

图4-50　蒸煮后的稻虾田丰优香占米饭

第五章 稻虾产业的绿色防控关键技术

 稻虾田如不开展病虫防治对水稻有什么影响？

长期稻虾共作，虫害明显减少，稻飞虱、二化螟、稻纵卷叶螟“三虫”得到有效控制，尤其是二化螟发生率明显偏低。原因是前几年小龙虾苗种市场行情好，稻虾田冬季大都繁殖“稻后虾苗”，基本处于淹水状态，导致越冬后二化螟幼虫基数大幅下降。但是，由于夏季稻虾田处于高温高湿的环境中，如不采取持续30厘米以上深水灌溉管理，水稻纹枯病、稻瘟病、稻曲病（图5-1、图5-2）“三病”危害加重，尤其是稻曲病尤为严重（图5-3、图5-4），感病的水稻品种发病率达80%以上。但也有高抗的杂交籼稻品种如湘两优900等。如果稻虾田不防治水稻病虫，一般年份会造成水稻减产20%～50%。

图5-1　稻瘟病与纹枯病并发的水稻植株

图5-2　稻虾田不开展病虫防控，稻瘟病和纹枯病发生严重

图5-3　稻虾田水稻稻曲病发生严重

图5-4　稻曲病严重发生的稻虾田

81 稻虾田如开展常规病虫防治对小龙虾有什么影响?

近年来研究表明，用于常规水稻田病虫防治的化学农药大多对小龙虾有毒害作用。有关调查数据表明，如果按常规稻田的用药习惯防控稻虾田中的水稻病虫害（图5-5），养殖的“稻中虾”当季小龙虾产量至少减产30%（图5-6），严重时会造成小龙虾绝收。

图5-5　稻虾田常规飞防试验现场

图5-6　正常用药后小龙虾个头小产量低

82 稻虾田水稻病虫害发生有什么规律？

近年来调查研究表明，非深水灌溉的稻虾田水稻病虫害发生有明显的规律性，表现为“三病三虫”偏重发生。所谓“三病三虫”即指水稻纹枯病（图5-7）、稻瘟病（图5-8、图5-9）、稻曲病（图5-10、图5-11）和二化螟（图5-12）、稻纵卷叶螟（图5-13）、稻飞虱（图5-14）。稻虾田由于夏季温度高、湿度大，极易造成“三病三虫”等病虫害的发生和流行。根据近年来对稻虾田的观测，“三病”中以稻曲病为重，“三虫”中以稻飞虱为重。但在持续深水位种稻养虾条件下，“三病三虫”发生率较低，甚至不会发生，其原因尚待进一步研究论证。

图5-7　稻虾田发生纹枯病

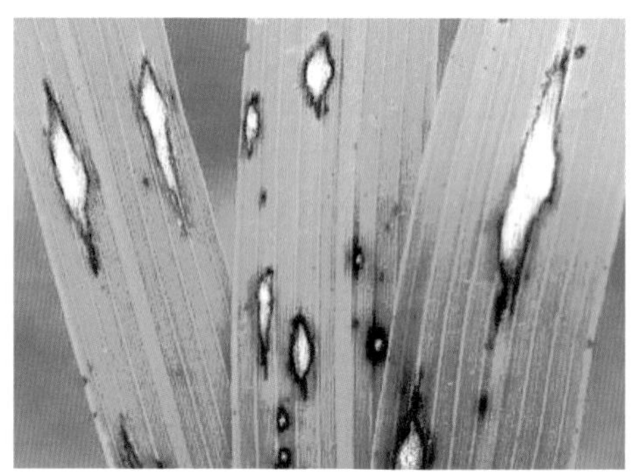

图5-8　初发稻瘟病时的稻株

图5-9　稻瘟病暴发期的稻株

图5-10　稻虾田发生稻曲病的稻穗

图5-11　稻曲病严重发生

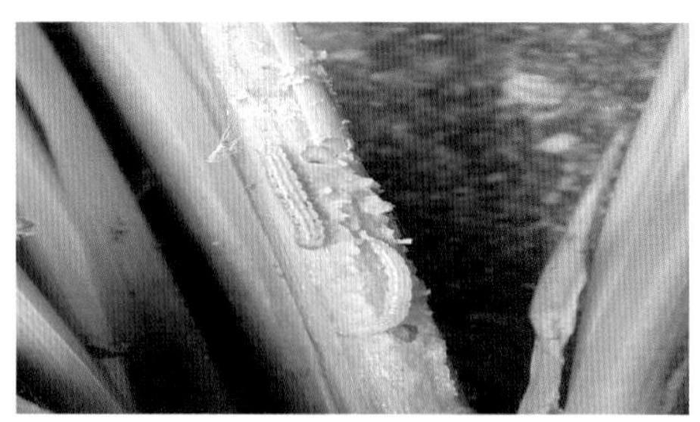

图5-12　水稻二化螟幼虫

图5-13　稻纵卷叶螟危害稻株

图5-14　稻虾田水面上全是稻飞虱

83 什么是稻虾田水稻病虫“五位一体”绿色防控技术体系?

稻虾田水稻病虫防治应采用“五位一体”的绿色防控措施（图5-15）。从稻虾田生态系统整体出发，以农业防治为基础，通过推广应用生态防治、生物防治、物理防治等绿色防控技术，达到保护生物多样性、积极保护和利用自然天敌生物、恶化病虫草的生存条件、降低病虫害暴发频率、提高水稻和小龙虾抗性的目的。在必要时合理使用高效、低毒、低残留化学农药防治，将病虫危害和损失降至最低，促进稻虾田标准化生产，达到提升农产品质量安全水平的目的。

“五位一体”绿色防控技术体系的具体内涵：一是农业防治。选用抗病虫能力强、高秆、抗倒性好的水稻品种，采用深水灌溉的稻虾轮作、共作等。二是物理防治。采用粘虫板、杀虫灯、防虫网、冬季清淤晒塘等防治有害生物。

三是生态防治。采用释放性诱剂、田边种植香根草、施放赤眼蜂等防控稻田害虫。四是生物防治。采用生物农药，包括生物杀菌剂、生物杀虫剂、生物除草剂等控制稻田病虫草害。五是化学防治。在病虫草害高发期，可采用高效、低毒、低残留的化学农药进行防控。

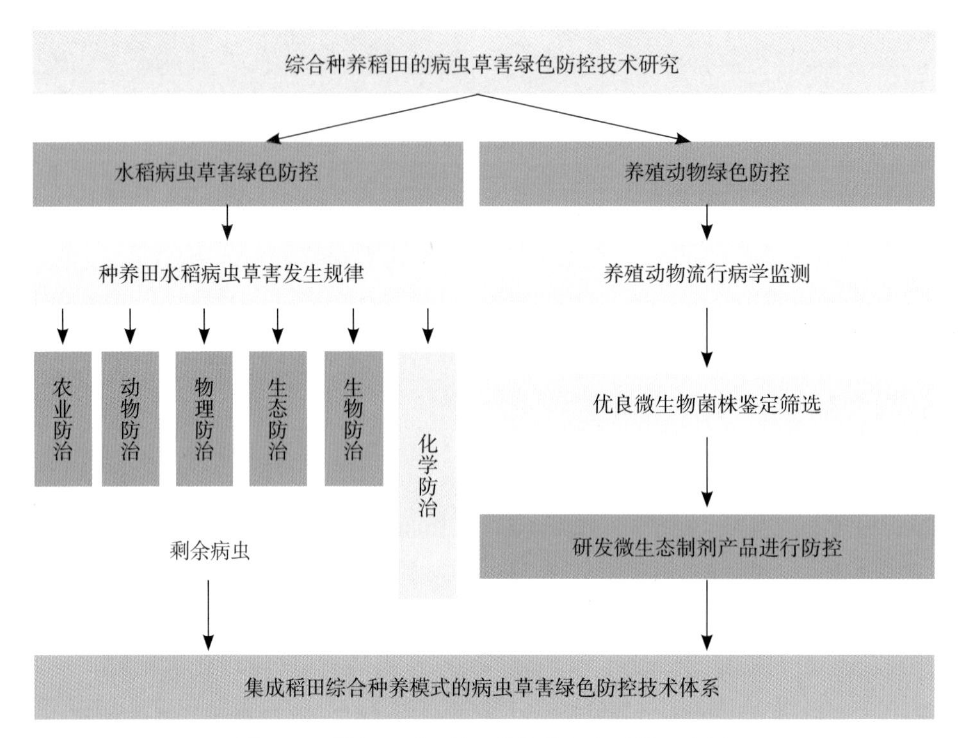

图5-15 稻虾田“五位一体”的绿色防控示意图

84 如何开展农业防治？

规划好品种布局，选用抗病、抗虫品种；用专用基质培育健壮秧苗（图5-16）；宽行宽株栽插，如33厘米×20厘米，确保水稻冠层以下通风透光；长秧龄栽插后上深水压草，拔节后保持田面30厘米以上的深水位；开展冬季休耕、深耕灭茬、种植水草养地；亲虾进入洞穴生活并封闭洞口后，适时排水晒田（图5-17），促进池底有机质等有毒有害物质分解、挥发，降低有害微生物的存活率等。

图5-16　利用基质培育水稻壮秧

图5-17　秋冬季充分暴晒的稻虾田

85 如何开展生物防治?

（1）食物链杀。构建“虾吃虫草”的稻虾互利共生生态种养系统，利用小龙虾取食田间害虫与杂草（图5-18）。通过培育30天左右长秧龄秧苗，栽插后即上10厘米左右的深水，及时将小龙虾苗赶入稻田中活动，将初生的稻虾田害虫和杂草取食掉。

图5-18　小龙虾在稻虾田中取食杂草

（2）生物农药灭杀。水稻生长过程中防治纹枯病和稻曲病的生物农药主要有芽孢杆菌和井冈霉素，产品和制剂有多种，如井冈·噻呋酰胺（穗穗福）、井冈·枯芽菌（青易/纹曲宁）、解淀粉芽孢杆菌LX-11（率先）、井冈·低聚糖（福音莱）等。近年来，稻虾田由于田间高温、高湿的环境条件，极易诱发稻曲病，严重的田块发病率高达80%以上，对水稻产量和稻米品质影响极大。因此，在水稻破口前一周左右的关键期，应注重稻曲病的防治。植物源农药“茶黄素”是含有多酚羟基具茶骈酚酮结构的物质，对水稻稻瘟病具有良好的防控作用，还可以兼治水稻纹枯病（图5-19）。具体使用量、使用时期和使用方法按产品说明书或相关技术人员指导执行。

图5-19　病害严重的稻虾田

（3）以菌治菌。用75%三环唑可湿性粉剂20克/亩+井冈·蜡芽菌（井冈霉素2%和80万国际单位/毫克蜡质芽孢杆菌）悬浮剂50克/亩防治稻瘟病、稻曲病和纹枯病等。

（4）以菌治虫。利用苏云金杆菌预防稻纵卷叶螟、二化螟等。如用3.2万国际单位/毫克苏云金杆菌可湿性粉剂100克/亩（图5-20）防治稻纵卷叶螟、二化螟等；在稻飞虱和稻纵卷叶螟的迁飞期，利用金龟子绿僵菌（CQMa421可分散油悬浮剂）防治。施药时，采用无人机高浓度喷雾等。

图5-20　使用苏云金杆菌的稻虾田

 如何开展生态防治？

稻虾田生态防治的方法主要有人工合成性信息素诱杀法、赤眼蜂防治法和香根草诱控法等，分述如下。

（1）性诱灭虫。昆虫性诱剂是模拟自然界的昆虫性信息素人工合成的、通过释放器释放到田间、利用性诱剂诱杀或干扰害虫交配来诱杀异性害虫的仿生高科技产品（图5-21）。该诱杀害虫技术不接触水稻和土壤，没有农药残留困扰。昆虫性诱剂是利用个体昆虫对性信息素产生反应而诱杀昆虫，昆虫失去交配对象后不能产生后代，具有专一性，对益虫、天敌不会造成危害。使用时，应对稻虾田害虫进行监测，根据实际发生的水稻害虫的种类来配置不同的诱芯。一般每亩安插6个性诱捕器，连片设置，诱芯每隔15天左右换1次，诱捕器距离地面1米高左右（图5-22）。

图5-21　稻虾田的性诱捕器

图5-22　稻虾田安插性诱捕器

（2）香诱灭虫。香根草是良好的护坡性多年生植物，同时又是控虫性植物。香根草体内能散发出独特的香味，将水稻上鳞翅目钻柱性害虫如大螟、二化螟等飞蛾吸引到香根草上产卵，而香根草本身又能分泌出另一种活性物质，对螟虫的卵具有毒杀作用，因此害虫的卵孵化率很低，从而降低害虫的繁殖率，达到控虫的目的。因此，在稻虾田四周田埂上种植香根草可有效降低害虫的繁殖率（图5-23）。

图5-23　稻虾田田埂上种植的香根草

（3）卵诱灭虫。这是一种“以虫治虫”的方法。利用赤眼蜂对水稻螟虫卵的寄生破坏害虫的繁殖（图5-24），控制害虫数量达到防治害虫的目的。赤眼蜂有不同的产品，使用时应注意放蜂量、最佳放蜂时期及施放方法等关键环节。

图5-24　稻株上的赤眼蜂

87 如何开展物理防治？

稻虾田物理防治通常采用光诱灭虫和色诱灭虫两种方法。

（1）光诱灭虫。“飞蛾扑火”形象地描述了昆虫的趋光性。该方法利用昆虫对特定诱虫光源的敏感性，诱集并杀灭昆虫，以降低虫口密度，减少杀虫剂的使用。杀虫灯专门诱杀害虫的成虫，降低害虫基数，使害虫的密度和落卵量大幅降低（图5-25）。利用害虫的趋光性诱杀螟虫和飞虱等迁飞性害虫，按每20亩配备1台频振式杀虫灯，每晚灯亮7～8小时（图5-26）。

图5-25 稻虾田的杀虫灯

图5-26 夜晚亮灯的稻虾田

（2）色诱灭虫。利用害虫的趋色性制成的黄色胶黏害虫诱捕器（俗称黄板）能诱杀稻蚜、稻飞虱、稻蓟马、叶蝉等多种害虫。一般按每亩插20～30块黄板，高度在水稻冠层以上15～20厘米（图5-27）。

图5-27 在稻虾田中利用黄板诱杀害虫

38 如何开展化学防治?

2019—2020年江苏里下河地区农业科学研究所联合江苏克胜集团蜻蜓研究院，在苏中、苏北对稻虾田“三病三虫”开展了化控飞防实战多点示范，取得了显著的防控效果，在此可作为成功案例与读者分享。药物使用时期、防控对象、用药品种和用药量如下。

分蘖期（7月30日）主要预防纹枯病、稻纵卷叶螟、稻飞虱、二化螟、叶瘟；药物使用：32.5%苯甲·嘧菌酯悬浮剂40克/亩、25%吡蚜酮悬浮剂30克/亩、30%茚虫威悬浮剂10克/亩，以及蜻蜓飞来助剂10克/亩。

拔节期至孕穗期（8月15日）主要防治纹枯病、叶瘟、稻纵卷叶螟、飞虱、二化螟；药物使用同分蘖期。

破口期（9月4日）防控纹枯病、稻瘟病、稻曲病、稻纵卷叶螟、飞虱；药物使用：32.5%苯甲·嘧菌酯悬浮剂20克/亩、45%戊唑·咪鲜胺水乳剂50克/亩、25%吡蚜酮悬浮剂20克/亩、30%茚虫威悬浮剂10克/亩，以及蜻蜓飞来助剂10克/亩。

以上三次飞防对水稻“三病三虫”取得了良好的防效，表现为稻香虾肥（图5-28），水稻后期秆青籽黄（图5-29）。其中水稻纹枯病、稻瘟病和稻曲病防效分别达96%、93%和85%，二化螟、稻纵卷叶螟和稻飞虱防效分别达77%、86%和91%，水稻产量达710千克/亩，小龙虾产量达110千克/亩，稻虾综合效益达6998元/亩。

图5-28 “三防三控”后的稻虾双赢

图5-29 水稻后期秆青籽黄

89 稻虾田哪些化学农药对小龙虾比较安全？

据职能部门对稻虾田小龙虾毒力测试和生产示范，已公开的安全杀菌剂有肟菌·戊唑醇、井冈·噻呋酰胺、烯肟·三环唑、氟环唑、三环唑·嘧菌酯、井冈·枯芽菌、井冈霉素、春雷霉素、井冈·低聚糖等；安全杀虫剂有氯虫苯甲酰胺、四氯虫酰胺、吡蚜·呋虫胺、噻虫·吡蚜酮、多杀霉素等。这些药剂均通过国家登记，并被列入2019年江苏省绿色防控联合推介产品名录。近年来，生产实践表明，采用深水灌溉的稻虾田，水稻基本没有病虫害发生，杂交籼稻丰优香占（图5-30）和常规水稻扬产糯1号（图5-31）基本情况一致，在水稻栽插后不搁田，夏季7—9月持续保持40厘米左右的深水位，水稻病虫草害没有采用化学防治，而且水稻产量不低于正常管理的水稻。因此，稻虾田水稻的长秧龄栽插和深水位管理，能够达到有机生产稻虾的目标，彻底颠覆了当前水稻栽培管理的技术体系，其生产意义重大，但内在机理尚值得研究。

图5-30 丰优香占深水位管理几乎无病虫草害发生

图5-31 扬产糯1号深水位管理几乎无病虫草害发生

稻虾田哪些化学农药禁止使用？

江苏里下河地区农业科学研究所经多年研究，至今尚未找到对稻虾田小龙虾和人工种植的水草都安全的化学除草剂。常用的水稻除草剂对小龙虾的正常生长和成活率均有很大的影响，如乙草胺、丙草胺、苄嘧磺隆、吡嘧磺隆等化学除草剂，在常规剂量使用条件下小龙虾尚能存活，但对伊乐藻、苦草、轮叶黑藻、菹草、水花生、水葫芦、水浮萍等人工种植的水草具有毁灭性杀伤作用。水草一旦死亡腐烂发臭，会导致水底水质严重败坏，作为底栖生活的小龙虾也会大面积中毒死亡。因此，现有稻田除草剂在稻虾田均应禁止使用。那么杀虫剂和杀菌剂又如何呢？刘都才研究员认为下列化学农药严禁在稻虾田使用：杀虫剂有毒死蜱、阿维菌素、甲维盐、丁硫克百威、敌百虫、

甲胺磷、菊酯类、有机磷类；杀菌剂有吡唑醚菌酯、肟菌酯、啶氧菌酯、醚菌酯、嘧菌酯。从严格意义上讲，凡是未经科学认定和职能部门认可的所有化学农药均不可在稻虾田中随意使用，稻虾田更应杜绝使用禁用化学农药。鉴于此，寻找尽量不使用化学农药的稻虾综合种养高抗病虫的专用水稻品种，以及全程特色化种养管理模式（图5-32），将是未来农学家们所要研究的重大课题。

图5-32　管理到位的稻虾田完全可以不用任何化学农药

91 稻虾田不使用化学除草剂杂草如何防除?

近年来调查研究发现，稻虾田杂草发生总量有减少的趋势，但千金子、稗草和莎草等发生率偏高。在不使用除草剂的前提下，如何实现稻虾田无草害？笔者经过多年的探索实践，总结出了一套“水压草、虾吃草”的控草方略，其实质就是稻虾早见面、共同生长。要实现稻虾早见面，没有一定的水层是不行的，因此培育长秧龄壮苗，采用大苗栽插，深水活棵后趁早赶虾入田（图5-33、图5-34），“水压草、虾吃草”的控草目的就达到了。其技术关键是：先培育出具有完整钵球、秧龄25天以上、秧苗壮、抗逆性强、适宜稻虾田大苗机插的钵苗（图5-35），再采用长秧龄深泥脚钵苗插秧机插秧（图5-36），插秧后立即上水活棵并赶虾苗进入稻田（图5-37），随着秧苗逐步长高，稻虾田水位也同步提升，到水稻拔节后期，水位应保持在35厘米左右（图5-38）。几年来，在高邮市临泽镇营西村的生产实践表明，选用农两优渔1

号、丰优香占、湘两优900和扬产糯1号等高秆水稻品种在稻虾田种植，生长过程中不搁田，持续保持深水位，则稻虾田除了少数夹棵稗之外几乎无新的杂草滋生，杂草防控率达100%。

图5-33 人工带水栽插长秧龄水稻

图5-34 秧苗活棵后进入稻田活动的小龙虾

图5-35 生长健壮、根系发达、便于机插的钵苗

图5-36 深泥脚插秧机插秧作业现场

图5-37 插秧后深水活棵以水压草

图5-38 水稻拔节期深水管理赶虾入田

目前生产上稻虾田水稻栽插方式多为小苗机插（如18天秧龄）（图5-39），由于栽插后缓苗期长，上水慢，上水浅，虾苗不能进稻田，易于滋生杂草，极易形成草害（图5-40、图5-41），如果采用化学除草会对稻田的小龙虾伤害很大（图5-42）。因此，小苗机插不适合稻虾田。

图5-39　小苗机插的稻虾田

图5-40　稻虾田直播水稻杂草丛生

图5-41　稻虾田管理不慎形成草荒

图5-42　前期控草失败后期化学除草对小龙虾危害大

92 稻虾田小龙虾疾病如何防治？

小龙虾发病的诱因有三大方面：一是自身带菌。小龙虾自身会携带很多病菌和病毒，因此引种或苗种外购时，通常采用盐浴的方法灭杀（图5-43）。二是水体环境。水质的因素有pH、溶氧、透明度、氨氮含量、水温及微生物、敌害生物等理化和生物指标。这些指标发生变化水质恶化时就会导致小龙虾产生应激、生病或死亡。底质的有机体、有毒气体、有害物质等都是底栖生物小龙虾的发病之源。因此，稻虾田应及时清淤（图5-44）。三是外界因素。气候的变化如气温、降水、干旱等都会影响小龙虾的正常生长发育。这里的外界因素是指敌害和人为因素的影响。人为因素如在苗种运输、投苗或混养、投饵、捕捞、进排水等重要环节不规范操作引起虾体损伤或外部病菌或有害物质入侵等均会造成小龙虾成活率和生长速度下降。

图5-43　通常用盐浴的方法清除自带菌

图5-44　稻虾田应及时清淤

（1）真菌性疾病。

黑腮病病原与病症：水质恶化污染，促使镰刀菌大量繁衍寄生在小龙虾鳃丝、体壁、附肢基部或眼球上所致。鳃由肉色变为褐色或深褐色，直至完全变黑，引起鳃萎缩，功能逐渐退化，腹卷曲，体变白（图5-45）。病虾往往伏在岸边或水草上，行动缓慢呆滞，最后因呼吸困难而死。防治方法：放苗前，用生石灰等彻底清塘，保持饲养水体清洁，溶氧充足。以后水体定期泼洒一定浓度的生石灰，进行水质调节。或采用0.2～0.3毫克/升的高锰酸钾全池泼洒消毒。或用1毫克/升的漂白粉（有效氯含量为30%）或7毫克/升的甲基蓝全池泼洒。或每亩每米水深用菌毒净（三氯异氰脲酸和解毒增效剂，有效氯含量≥50%）150克兑水泼洒。

图5-45　小龙虾黑腮病

（2）细菌性疾病。

烂鳃病病原与病症：丝状细菌阻塞鳃部的血液流通，妨碍呼吸。症状为小龙虾体色发黑，尤其是头部，反应迟钝，食欲减退，呼吸受阻，常游到浅水处俯伏不动，或与肝脏病、肠炎等并发。严重的鳃丝发黑、霉烂，引起病虾死亡（图5-46）。防治方法：经常清除虾池中的残饵、污物，注入新水，保持良好的水体环境，保持养殖环境的卫生安全，保持水体溶氧量在5毫克/升以上，避免水质被污染。稻虾田必须施用已发酵的有机粪肥，放虾苗时用2%～2.5%的食盐水浸浴3～5分钟。每立方米水体用1克漂白粉化水全池泼洒，可以达到较好的治疗效果。或选择外用药精碘（0.5毫克/升）或二溴海因（0.2毫克/升），每周用药1次。或平均每亩每米水深用二溴海因或二氧化氯200克化水全池泼洒，每天1次，连用2天。

图5-46　小龙虾烂腮病

肠炎病原与病症：由细菌引起。小龙虾肠道无食物（图5-47），有气泡，肠道肠线出现蓝色色素过度堆积（图5-48），伴有肝脏萎缩、颜色发白、保护膜不清晰等症状。初期表现为食欲减退和废绝，会逐渐向浅水区、水草、岸边等靠近，遇人不躲避，趴伏岸边，活动迟缓，严重时会出现消化道肿胀，直至死亡。肠炎防治方法：投喂用肠炎灵（主要成分：黄芩30%、黄柏30%、大黄30%、大青叶10%）制成的药饵，用量为10克/千克饲料，每天1次，连喂3～5天。或每亩每米水深泼洒5%聚维酮碘50～100毫升，或内服恩诺沙星+保肝类+维生素类，进行体内的杀菌和补充营养，增强体质（恩诺沙星药残在20天左右，建议视情况而用）。

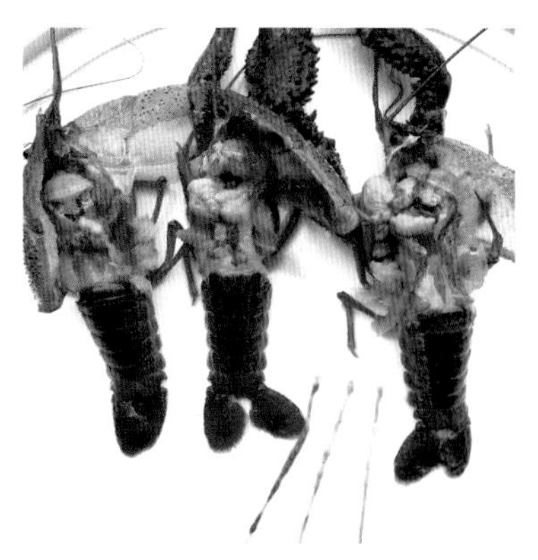

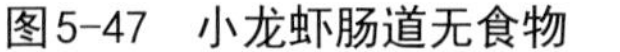

图5-47 小龙虾肠道无食物　　图5-48 小龙虾肠道蓝色色素堆积

甲壳溃烂病病原与病症：由几丁质分解细菌侵染引起，染病初期病虾甲壳局部出现颜色较深的斑点，以后斑点边缘溃烂，出现空洞（图5-49），导致内部感染，甚至死亡。预防方法：捕捞虾苗时要细心操作，以防造成虾苗受伤；运输和投放虾苗时，不要堆压和损伤虾体；饲养期间饲料要投足、投均匀，防止饲料不足引起自相残杀；经常换水，保持虾池水质清新。治疗方法：每立方米水体用15～20克茶粕浸泡，全池泼洒，或每亩用5～6千克的生石灰水全池泼洒，或每立方米水体用2～3克漂白粉化水全池泼洒。注意生石灰与漂白粉不能同时使用。

图5-49 小龙虾甲壳溃烂病

水霉病病原与病症：在暮春和梅雨季节，由水霉菌侵染虾体所致。病虾体表附生灰白色、棉絮状菌丝（图5-50），一般少活动，不觅食，不入洞穴。若治疗措施不当，1～2周就会造成大量的虾染病死亡。预防措施：当水温达15℃，

每隔15天每立方米水体用25克生石灰化水趁热全池泼洒1次，除去池内生长过旺的水草，增加光照，杜绝伤残虾苗入池。治疗方法：每立方米水体用食盐40克、小苏打35克，配成合剂全池泼洒，每天1次，连用2天。或每立方米水体用1克漂白粉化水全池泼洒，每天1次，连用3天（使用漂白粉时应注意安全，一不可加大剂量，二不要在水体严重缺氧时施药，三不要在阳光强烈时施药）。

图5-50　小龙虾水霉病

烂尾病病原与病症：烂尾病是由于小龙虾受伤、相互残杀或被几丁质分解细菌感染引起。感染初期病虾尾部有水疱（图5-51），边缘先溃烂、坏死或残缺不全，随着病情的恶化，溃烂由边缘向中间发展，严重感染时，病虾整个尾部溃烂脱落。预防方法：运输和投放虾苗或虾种时，不要堆压和损伤虾体；饲养期间饲料要投足、投匀，防止虾因饲料不足自相残杀。防治方法：发生此病时，用茶粕15～20克/升浸液全池泼洒，或用生石灰5～6千克/亩化水全池泼洒。

图5-51　小龙虾烂尾病

（3）原生动物病。

纤毛虫病病原与症状：纤毛虫病的病原体最常见的有聚缩虫、累枝虫和钟形虫等。纤毛虫附着在成虾的体表、附肢、鳃上和受精卵上，大量附着时会妨碍虾的呼吸、游泳、活动、摄食和蜕壳机能，影响生长、发育。尤其在鳃上大量附着时，影响鳃丝的气体交换，甚至会引起虾体缺氧而窒息死亡。幼虾在患病期间虾体表面覆盖一层白色絮状物（图5-52），致使幼虾活力减弱，影响幼虾的生长发育。此病对幼虾危害较重，成虾多在低温时大量寄生。防治方法：用3%～5%的食盐水浸浴，或每立方米水体用漂白粉1克化水全池泼洒，每天1次，连用3次，或每亩每米水深泼洒75%甲壳净（主要成分：三氮唑脒）20～25毫升或用纤虫净（主要成分：一水硫酸锌）250克兑水泼洒。

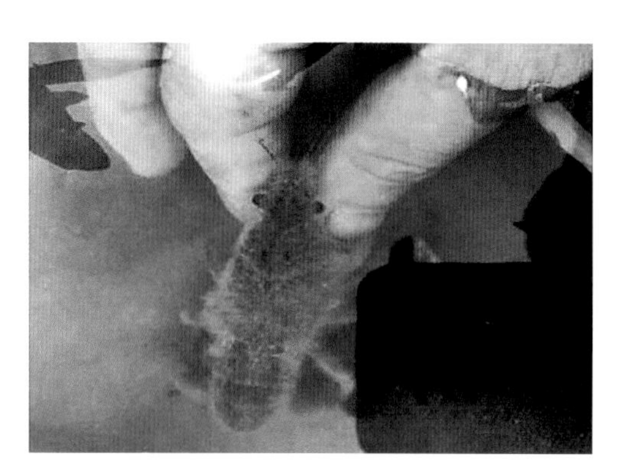

图5-52　小龙虾纤毛虫病

（4）病毒性疾病（五月瘟）。

五月瘟病原与病症：由白斑综合征病毒引起。病症是虾体活力下降、附肢无力、应激能力弱、体色较暗、病虾空肠有黑鳃或黄鳃症状、易断须、肌肉呈白浊状等（图5-53、图5-54），一般会先从大虾开始死亡。防治方法：定期使用生石灰5～6千克/亩或微生物制剂如光合细菌、EM菌等，保持水环境的稳定。或每立方水体用0.3～0.5毫升聚维酮碘或季铵盐络合碘泼洒，一般每10天1次。或适时投喂抗病毒中草药如三黄散或酵母多糖等，提高小龙虾免疫力和抗病力，降低发病率。或对发病的稻虾田，第一天全池泼洒二氧化氯，第二天全池泼洒聚维酮碘溶液或季铵盐络合碘，第三天全池泼洒大黄末。在外用药物的同时口服三黄散和水产复合维生素5～7天。如并发细菌性疾病时口服5%恩诺沙星粉3～5天。但在确诊小龙虾患病毒病后，不能使用强氯精、漂白粉、生石灰等强刺激性药物。

图5-53　染上五月瘟的小龙虾

图5-54　小龙虾五月瘟的解剖

93 生产上如何有效防控小龙虾病害?

小龙虾疾病难以防控的主要原因：一是难以早期发现。小龙虾生活在水中，其摄食、生长、发病等情况不易观察，这为正确诊断疾病增加了困难。二是治疗虾病很不容易。畜禽疾病可以采用口服或注射法治疗，而小龙虾患病后大多数已不摄食，但又无法强迫其摄食和服药，因此患病后的小龙虾得不到应有的营养和药物治疗。内服治疗只限于尚能摄食的病虾，因此对病虾采取口服或注射法治疗就很难操作，只能是通过药浴的方法，用药量会很大，况且采用药浴时也很难计算出比较准确的用药量并达到用药效果。三是很多死亡的小龙虾不会漂浮起来，人们看到的死虾远远没有死亡的多，因此经常巡塘很重要。四是小龙虾存在自相残食现象，当病虾失去自卫能力时很容易被健康虾取食，这样更会导致病情迅速蔓延。五是技术普及尚需加强。农业技术推广部门对养虾户的针对性培训不够，养虾人对虾病防控意识不强。六是养虾人思想认识上有误区。许多养虾人误认为小龙虾生命力很顽强，不容易患病，因此不主动学习小龙虾的疫病防控知识。

据近年来《养殖前言》统计分析，3—6月是小龙虾疾病暴发高峰期（图5-55），因此生产上有“五月瘟”“六月劫”之说。其中肠炎排在首位。

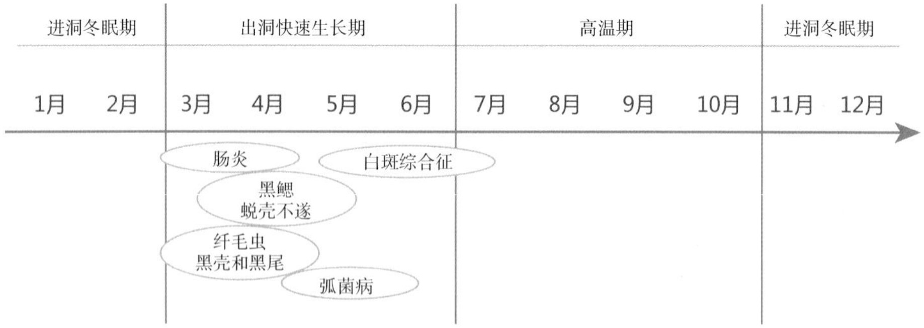

进洞冬眠期　出洞快速生长期　高温期　进洞冬眠期

1月　2月　3月　4月　5月　6月　7月　8月　9月　10月　11月　12月

肠炎　白斑综合征

黑鳃
蜕壳不遂

纤毛虫
黑壳和黑尾

弧菌病

图5-55　小龙虾的主要病害发生期分布图

小龙虾疾病绿色防控五大原则：一是适时晒田（图5-56至图5-59），消毒灭菌。贯彻防重于治、以防为主的策略。小龙虾初期发病不易察觉，一旦集中发病，则已过了最佳防治期，很难在短时间内用药治愈、控制住病情，一般会损失很大。因此，首先要调好水质，采用符合质量要求的水源，定期用生石灰全池泼洒，同时要做好补钙、消毒、调水等工作，保持水质清新；其次是养护好底质，适时清淤、晒塘、解毒、培藻。二是“以菌治菌”，生物防控。所谓的“以菌治菌”就是在稻虾田防控小龙虾疾病时调节好水体菌相，利用益生菌控制致病菌，这是生物防控小龙虾病害的极有效方法。即利用益生菌抢占致病菌的生存空间

图5-56　“稻前虾”养殖后夏季晒塘

图5-57　“稻中虾”养殖后晒塘

图5-58　亲虾驯养池冬季晒塘

图5-59 “稻后繁苗”复水前秋季晒塘

和营养来源。如在稻虾田通过投放或培植EM菌（由光合细菌群、乳酸菌群、酵母菌群、放线菌群、丝状菌群等10属80余种微生物组成，具有控制病原菌、解毒改底、净化水质、促根壮草等功效）、芽孢杆菌（分解有机质、控制有害病菌、除臭、保肥等）、乳酸菌（分解营养物质、控制有害病菌、降低亚硝酸盐等）、酵母菌（提高营养、控制肠炎、解毒护肝等）等微生态制剂调节水体菌相，强力压缩弧菌（导致肠炎、创伤感染、败血症等）、霉菌（产生各种霉毒素）、嗜水气单胞菌（导致肠炎、败血症等）、白斑综合征病毒（导致五月瘟）的生存空间。三是科学放养，增强免疫。虾苗、种虾的运输及投放、密度应规范操作。投喂时做到“四定”。①定质。饲料应配方合理、新鲜清洁，不喂腐烂变质的饲料。②定量。应根据不同季节、不同气象条件、不同生育阶段、不同小龙虾食欲反应和水质情况制定科学的投饵量。③定时。按照小龙虾的摄食规律，早晚定时投喂。④定点。设置固定的投饵台，实时观察小龙虾吃食情况，及时查看小龙虾的摄食能力及有无病症。并根据情况在小龙虾专用饲料中添加适量大黄、维生素C、壳聚糖等免疫增强剂，以提高小龙虾的免疫力。四是消毒补钙，清除杂鱼。在稻虾田小龙虾生长期间每隔15～20天泼洒1次生石灰消毒，每次每亩用10～15千克。定期泼洒光合细菌，消除水体中的氨氮、亚硝酸盐、硫化氢等有害物质。在秋冬季节彻底晒塘后，再每亩用生石灰100～125千克消毒、灭菌、补钙、去除杂鱼。在有小龙虾的水体，每亩每米水深用茶粕20千克左右，浸泡24小时后撒入水体以清除野杂鱼等。五是科学种草，营造良好的环境。水草的数量与在水体中不同层次的分布情况对小龙虾的生长极为重要。配置好挺水、浮水和沉水型三种水草，保持50%的覆盖率，以及坚持中层为主、上下为辅的水体分布原则，既能减轻应激反应，又能在小龙虾有应激反应时使应激反应得到快速缓解，促进小龙虾健康生长。

 如何利用益生菌防治小龙虾的致病微生物？

稻虾田小龙虾的主要致病微生物有：①弧菌。导致肠炎、创伤感染、败血症等。②霉菌。产生各种霉毒素。③嗜水气单胞菌。导致肠炎、败血症等。④白斑综合征病毒。导致“五月瘟”等病毒病。

（1）弧菌。弧菌是一类可引起肠道感染的细菌，常引发肠胃炎和霍乱等疾病（图5-60）。弧菌广泛分布于自然界，尤以水中为多，有100多种。主要致病菌为霍乱弧菌（图5-61）和副溶血弧菌（致病性嗜盐菌），前者引起霍乱，后者引起肠炎。

图5-60　发病的小龙虾

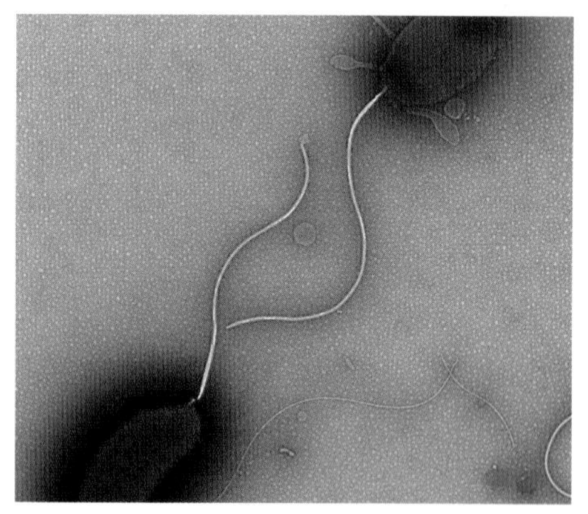

图5-61　霍乱弧菌

（2）霉菌。霉菌是真菌的一种，喜温暖潮湿环境，大多数适宜温度为25～30℃，其特点是菌丝体较发达。大量菌丝交织成绒毛状、絮状或网状，称为菌丝体，常呈白色、褐色、灰色，或呈鲜艳的颜色（菌落为白色毛状的是毛霉，绿色的是青霉，黄色的是黄曲霉）（图5-62），有的可产生色素使基质着色。霉菌无较大的子实体，以寄生或腐生方式生存。霉菌有的使食品转变为有毒物质，有的可能在食品中产生毒素，即霉菌毒素。自从黄曲霉毒素被发现

以来，霉菌与霉菌毒素对食品的污染日益引起人们的重视。霉菌对人体健康造成的危害极大，主要表现为慢性中毒、致癌、致畸、致突变等。同样，霉菌也可以危害小龙虾饲料及其生存环境。

图5-62 秸秆培植霉菌

（3）气单胞菌。 气单胞菌常见的有嗜水气单胞菌（图5-63）和维氏气单胞菌（图5-64），气单胞菌属于气单胞菌科，广泛分布于自然界，可从水源、土壤及动物的粪便中分离。需氧或兼性厌氧，最适生长温度30℃，但在0～45℃下皆可生长，营养要求不高。该细菌可引发肠炎、败血症等多种疾病。

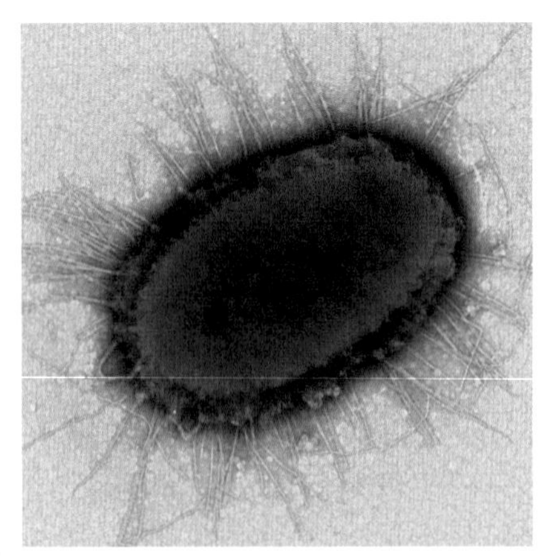

图5-63 嗜水气单胞菌

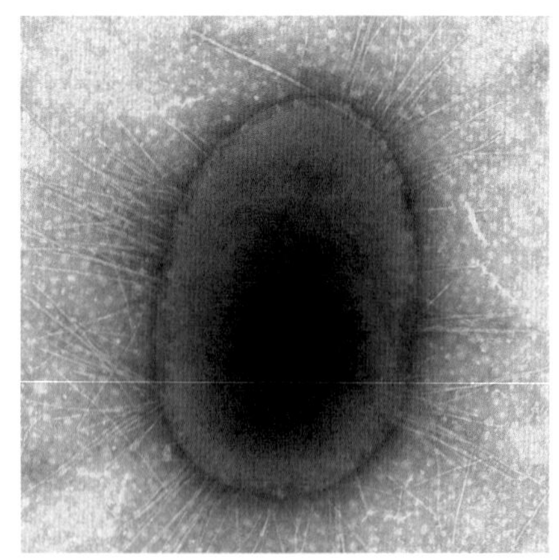

图5-64 维氏气单胞菌

（4）白斑综合征病毒。 小龙虾白斑综合征病毒（图5-65）。主要破坏小龙虾的造血组织、结缔组织、前后肠的上皮组织、血细胞、鳃等系统。小龙虾中毒后常表现为活力低下、螯足及附肢无力、头胸甲易剥离、部分头胸甲处有黄白色斑点，解剖后可见肝胰腺颜色淡黄、胃肠道无食物、部分尾部肌肉发红或者呈现白浊样，严重时会导致小龙虾死亡等。

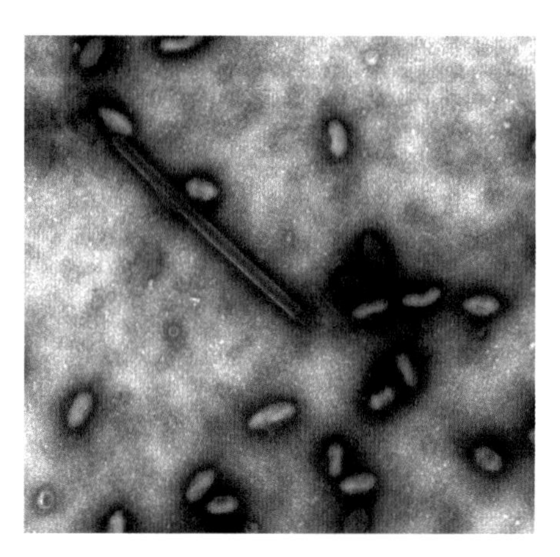

图5-65 白斑综合征病毒（薛晖/提供）

稻虾田主要益生菌有：①芽孢杆菌（图5-66）。分解有机质、控制有害病菌、除臭、保肥等。②乳酸菌。分解营养物质、控制有害病菌、降低亚硝酸盐等。③酵母菌。提高营养、控制肠炎、解毒护肝等。④EM菌。EM菌是由光合细菌群、乳酸菌群、芽孢杆菌、酵母菌群、放线菌群、丝状菌群等10属80余种微生物组成，具有分解有机质、控制有害病菌、除臭、解毒等功效。控制病菌最有效的方法就是菌相调节“以菌治菌”，培植益生菌防控病原菌。就是利用强大的益生菌群体及其衍生物将稻虾田生态环境中的致病菌的生存空间挤压到最小或致其死亡，因而不会导致小龙虾发病。如稻虾田每10～15天，每亩每米水深泼洒1次EM菌液1000毫升改良和稳定水质，控制致病菌。

（1）枯草芽孢杆菌。枯草芽孢杆菌是芽孢杆菌的一种，在稻虾田中应用优势明显。枯草芽孢杆菌在稻虾田应用的三大功效。一是分解力强。稻虾田内残饵、粪便、秸秆、烂草、淤泥等极易造成水体恶化、底质发臭，而枯草芽孢杆菌繁殖速度快、活性强，能够在短时间内高效分解这些物质，活化水体和底质，达到物质的循环利用。二是低温抑菌。枯草芽孢杆菌在低于15℃时能够保持对数繁殖效率，同时产生出枯草菌素、多黏菌素、制霉菌素、短杆菌肽等活性物质，对致病菌有明显的抑制作用，为“稻后繁苗”和“稻前虾”生产解决低温改底、净水和控病等实际问题。三是增强免疫。枯草芽孢杆菌自身合成的淀粉酶、蛋白酶、脂肪酶、纤维素酶等酶类与小龙虾体内的消化酶一同发挥

作用，合成多种B族维生素，可有效地提高小龙虾体内干扰素和巨噬细胞的活性，消化、吸收病菌，增强免疫力。

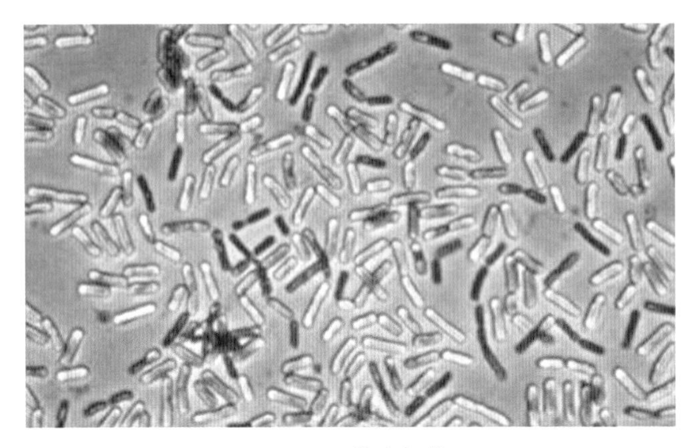

图5-66　芽孢杆菌

（2）酵母菌。酵母菌（图5-67）是一种肉眼看不见的微小单细胞微生物，能将糖发酵成酒精和二氧化碳，分布于整个自然界，在有氧和无氧条件下都能够存活，是一种天然发酵剂，主要生长在偏酸性的潮湿的含糖环境中，适宜生长温度一般在20～30℃，在人类食品行业中有广泛应用。而饲料酵母通常是用假丝酵母或脆壁克鲁维酵母经培养、干燥制成，不具有发酵能力，细胞呈死亡状态的粉末状或颗粒状产品。它含有丰富的蛋白质（30%～40%）、B族维生素、氨基酸等物质，被广泛用作动物饲料的蛋白质补充物。它能促进动物的生长发育，缩短饲养期，改良肉质，增强抗病能力。

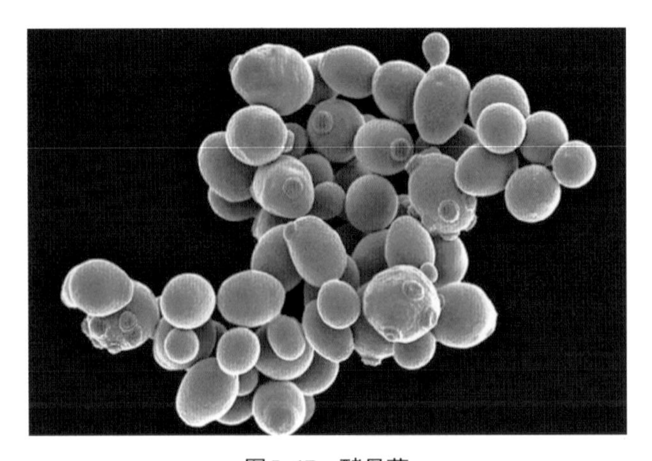

图5-67　酵母菌

（3）EM菌。 EM菌是一类混合益生菌的组合（图5-68）。EM菌可用于食品添加、养殖病害防控、土壤改良、生根壮苗、污水治理等领域。EM菌在稻虾田内的防病控害作用机理：EM菌与病原菌争夺营养，EM菌由于在水体中极易生存繁殖，所以能较快速而稳定地占据水体中的生态地位，形成优势群落，从而占据病原菌的生存空间、争夺其食物、控制其繁殖和对小龙虾的侵袭。同时还具有分解有机物、除底臭和活水、净水等功效。

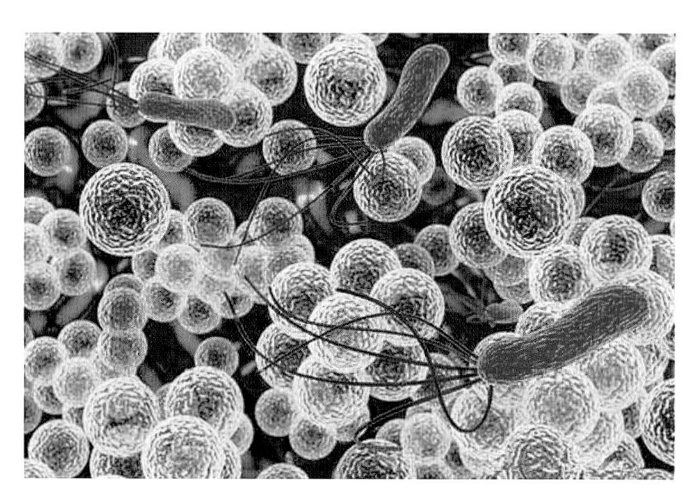

图5-68　EM菌

95　小龙虾有哪些天敌?

小龙虾天敌众多，主要来自三个方面。一是天上飞的鸟类。许多本土鸟类或迁徙的候鸟都会捕食小龙虾，如翠鸟、大雁、鹳、天鹅、鹤、鸥、鸬鹚、鹦鹉、斑鸠、野鸭等。尤其是每年候鸟迁徙时，位于迁徙通道上稻虾田里的小龙虾极易被取食。如江淮地区的京杭大运河“黄金水道”沿线的稻虾田就是各种鸟类的天堂（图5-69）。二是地上生活的动物。包括陆生动物和两栖类动物。水老鼠（图5-70）、猫、犬、獾、刺猬（图5-71）、獭等陆生动物能捕食浅水区或岸边的小龙虾，蛇、蛙、癞蛤蟆、水老鼠等两栖类动物能深入水中捕食小龙虾。三是水里游的鱼类等。一般肉食性或杂食性鱼类都能捕食小龙虾，如甲鱼、乌龟、鲶鱼、黑鱼、乌鳢、鲈鱼、鳜鱼、泥鳅、黄鳝、

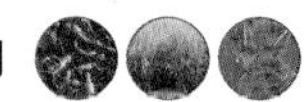

鲫鱼等。

图5-69　白鹭在稻虾田上空飞舞

图5-70　在稻虾田捕获的水老鼠

图5-71　稻虾田晚上出来找虾的刺猬

许多鸟抓到小龙虾后将其活吞下去，比如很小的翡翠鸟（图5-72）。但也有很多的鸟抓到小龙虾后会选择一个僻静的地方，将小龙虾开膛破肚取食虾肉，之后将外壳丢弃，比如白鹭等。鸟害多了，草丛中就会有一堆堆的小龙虾残骸（图5-73），让种养户痛心不已。

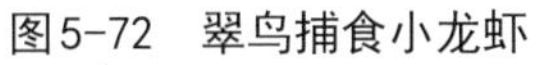

图5-72　翠鸟捕食小龙虾

图5-73　小龙虾被鸟取食后的残骸

许多迁徙的鸟类发现稻虾田是其良好的栖息环境，便在这一宜居的地方筑巢安家落户（图5-74）、繁衍生息（图5-75、图5-76）。这样，鸟的群体数量就会越来越多，如何保护稻虾生产者的利益是一个摆在政府面前而必须解决的新课题。

图5-74　在稻虾田边筑起鸟巢

图5-75　稻虾田环沟蒲草丛中的鸟蛋

图5-76　隐藏在稻虾田旁杂草中的鸟窝

鹭舞稻虾田。将虾苗放入稻虾田后，便吸引了大批的白鹭前来觅虾，它们悠然自得，翩跹起舞，享受着美好的田园生活（图5-77）。

图5-77　稻虾田的白鹭

稻虾种养户因私自设置诱捕网（图5-78）、猎鸟夹（图5-79），使许多珍稀鸟类被缠绕、被夹死，受到有关部门查处的事件时有发生。

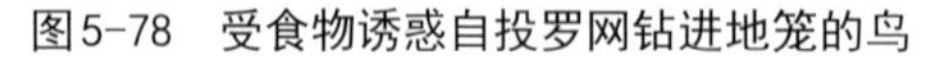

图5-78　受食物诱惑自投罗网钻进地笼的鸟　　　图5-79　种养户私自用鸟夹猎鸟

陆生动物大多不捕食小龙虾。科研人员将鱼与小龙虾一起放在鸡面前，鸡首选吃鱼，小犬不敢贸然抓捕小龙虾（图5-80）。但也有例外，如刺猬、野兽（图5-81）等。

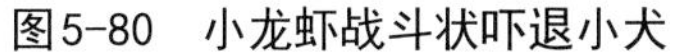

图5-80　小龙虾战斗状吓退小犬

图5-81　兽类捕食小龙虾

两栖类的青蛙（图5-82、图5-83）、牛蛙、癞蛤蟆、蛇、水老鼠是稻虾田小龙虾的主要天敌，因此稻虾田应禁止放养青蛙（图5-84、图5-85）或牛蛙。

图5-82　捕虾时蛇蛙虾共存

图5-83　稻虾田有青蛙时小龙虾成活率低

图5-84　稻虾田内青蛙多则小龙虾几乎无法生存

图5-85　解剖一只稻虾田的青蛙肠道发现多尾小龙虾

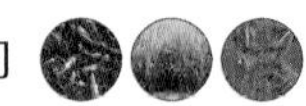

稻虾田常见的野杂鱼有：①鲫鱼。适应自然环境的能力非常强，耐低氧，杂食性鱼类。②鲦鱼（餐条、白条）（图5-86）。喜好溶氧充足、水质较清冽的水体，喜欢群居，杂食性偏肉食性鱼类。③黄颡鱼（黄辣丁、昂刺鱼）。喜欢昼伏夜出，杂食偏肉食性鱼类。④乌鳢鱼（黑鱼、乌鱼）（图5-87）。生命力非常顽强，非常耐低氧，潮湿环境下能离水存活数天之久，凶猛肉食性鱼类。⑤泥鳅（图5-88、图5-89）。生命力非常顽强，喜欢钻泥土躲藏，杂食性。⑥黄鳝（鳝鱼、长鱼）（图5-90、图5-91）。生命力非常顽强，凶猛性鱼类，杂食偏肉食性。⑦翘嘴鲌。上层鱼类，游动能力强，好动，是一种凶猛性鱼类，杂食偏肉食性鱼类。⑧甲鱼（图5-92）、乌龟（图5-93）都是凶猛性肉食性鱼类，一旦混入稻虾田内对小龙虾则是灭顶之灾。

图5-86　稻虾田捕获的大量鲦鱼

图5-87　稻虾田危害最大的是乌鳢鱼

图5-88　稻虾田泥鳅多则小龙虾少

图5-89　稻虾田内泥鳅多

图5-90　稻虾田捕获的黄鳝

图5-91　科技人员展示稻虾田内的黄鳝

图5-92　甲鱼捕食小龙虾

图5-93　乌龟捕食小龙虾

稻虾田养龙虾，杂鱼不除，龙虾难出。为了提高稻田虾的产量，彻底清除野杂鱼至关重要（图5-94）。很多种养户养虾失败，问题就出在这一环节（图5-95）。鳜鱼是一种凶猛的肉食性鱼类，许多稻虾种养户听信“采用鳜鱼灭杀野杂鱼”的传言，认为在稻虾田放入一定数量的鳜鱼，利用鳜鱼喜欢吃“活食”的天性，可以将稻虾田的野杂鱼给吃掉，就解决了野杂鱼危害小龙虾的隐患。事实是相对于野杂鱼来说，水草边正在蜕壳的小龙虾才是鳜鱼最容易获得的活食，待小龙虾被吃完后，鳜鱼才花费力气去追杀野杂鱼。因此，稻虾田放养鳜鱼是真正的“引狼入室”。

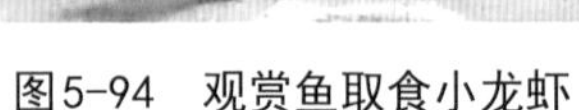

图5-94 观赏鱼取食小龙虾

图5-95 泥鳅捕食小龙虾试验

那么，稻虾田的野杂鱼是从哪里来的呢？老的稻虾田有野杂鱼并不奇怪，但新挖的稻虾田野杂鱼从何而来呢？一是本土鱼。即长期在稻田中生活繁衍的鱼类，如泥鳅、黄鳝等，正常的深耕、旋田时，一部分卵块或鱼体会深藏或附着于泥土中，在外在环境适宜的情况下，它们便能生长发育。二是水源鱼。稻虾田引灌水源时，进水口拦闸或滤网缺失，让野杂鱼幼体、成体或鱼卵随水流进入。三是水草鱼。在稻虾田种植水草时，很多野杂鱼的幼体或鱼卵附着在水草上，导致野杂鱼随水草入侵（图5-96）。野杂鱼对小龙虾的生存具有极大的危害性，表现为与小龙虾抢食、争草、耗氧及扰乱小龙虾的生活规律等。

图5-96 种植水草会带入各种附着在其上的野杂鱼卵或仔鱼

96 如何防控鸟害?

预防鸟害最彻底、最安全的方法就是在稻虾田架设防鸟网，俗称“天网”，使飞鸟无法进入，但投入的成本较高（图5-97、图5-98）。倘若是从事有机稻虾农渔产品生产，再结合防虫需求，这样的选择十分有效，选择合适的网片，既能防虫，又能防鸟，还能生产出有机食品。

图5-97 部署稻虾田防鸟害方案

图5-98 稻虾田架设的防鸟网

鸟是稻虾田危害最大的空中天敌（图5-99）。但许多鸟类都是国家保护动物，受到国家法律保护。因此，人类不能枪杀、网捕、毒害，只能采用假人恐吓，或者声音、反射光等驱鸟器驱离，或者采用敲锣、放鞭炮等方法驱赶，但效果甚微。

图5-99 稻虾田成群结队的白鹭

超声波驱鸟器采用的是物理驱鸟法，利用一种超声波脉冲，形成超声波防护网覆盖整个驱鸟空间，干扰刺激和破坏鸟类神经系统、生理系统，使其生理紊乱，能够将鸟类驱离稻虾田（图5-100）。因此，驱鸟比杀鸟更具有生态意义。

风力反光镜驱鸟器（图5-101）是根据鸟类怕光、恐色的特性，特别是惧怕闪光的习性，利用风叶与反光镜快速不同方向的旋转能够产生对鸟类视觉的干扰和惊吓，将其驱离稻虾田。

图5-100 超声波驱鸟器

图5-101 风力反光镜驱鸟器

比较行之有效的方法是训练驱鸟犬（图5-102），让犬对入侵鸟类形成条件反射，只要有鸟类入侵稻虾田，犬就可迅速扑过去，赶走入侵鸟类。如此，既能使鸟类不受侵害，又能保护小龙虾不被鸟类取食，达到保护种养户的利益目的。

图5-102 训练驱鸟犬赶鸟护虾

还有一种有效的防鸟方法是设置拦鸟丝线。方法是在与鸟进入稻虾田的垂直方向设置拦鸟线，一般选用质地坚韧、强度好、钓鱼用的白色丝线。在鸟类首先飞临接触的稻虾田区域每5米左右拉一根丝线，5～6根后间距可放大到10米左右。丝线的两端用竹竿或水泥柱等固定并拉直，丝线离田面高1.5米左右（图5-103、图5-104）。

图5-103　设置拦鸟线后稻虾田内无一飞鸟

图5-104　稻虾田设置拦鸟线

当前，在鸟类危害较重的稻虾田，采用无人机驱鸟也是一种不时之需，但必须有人值守，并能熟练操控无人机。

97 如何防控陆生或两栖类天敌？

由于生境不同，陆生动物一般不会主动捕食小龙虾。捕食小龙虾较多的是两栖类动物如青蛙、牛蛙、癞蛤蟆、蛇、水老鼠等。防控策略有三：一是彻底清塘。选择药物消灭原稻虾田两栖类敌害生物的卵、幼体、成体。二是在进排水口处设置滤网，杜绝水中的两栖类敌害生物随水流进入稻虾田。三是设置防逃网或围栏（图5-105）。既防止小龙虾外逃，又能阻止陆地上的两栖类敌害生物进入稻虾田。

图5-105　在稻虾田建设严密的防逃网

98 如何防控野杂鱼？

近年来调查发现稻虾田野杂鱼的危害呈普遍现象，有的捕虾笼里杂鱼数量远比小龙虾多，野杂鱼严重危害小龙虾，具体体现在六个方面。一是与小龙虾争空间。如鲫鱼、鲤鱼、泥鳅、黄鳝等自繁能力极强，当种群无节制繁衍时，大大挤占了小龙虾的生存空间。二是直接取食小龙虾。小龙虾在蜕壳期最易被残杀。三是与小龙虾争食。野杂鱼上下行动能力强，投喂的人工饲料和水体中的水草、水藻、水蚤、腐殖质、水生昆虫等会被其抢食殆尽。四是与小龙虾争氧。野杂鱼群体过大，消耗水体中的溶氧就多，导致小龙虾缺氧。五是阻碍小龙虾正常生长发育。小龙虾喜静而鱼喜动，如在蜕壳期，鱼的持续活动造成环境极不稳定时，小龙虾会产生应激。六是极易搅混水体传播疾病。野杂鱼活动将底泥带入水层中上部，造成水体混浊，引起小龙虾鳃部受损，同时加速病菌繁衍，导致小龙虾发病，它们甚至直接将鱼病传播给小龙虾。对此，生产上经常会出现稻虾田野杂鱼多、小龙虾少的现象。

清除野杂鱼的四种方法：一是清塘晒塘。在无虾或小龙虾进入洞穴生活时排水清塘，用生石灰、漂白粉等化水全池泼洒，并结合清淤晒塘彻底消灭野杂鱼，但时间一定要在黑鱼、泥鳅、黄鳝等钻入泥土中越冬之前。二是人工抓捕。如白天野杂鱼活动量大、小龙虾活动量少，下地笼抓捕野杂鱼。为避免误抓小龙虾，只在白天下笼抓捕。还可在投饵台上放诱饵抓捕野杂鱼等。只是这种方法比较费时费力，无法将野杂鱼除尽。三是拦网过滤。在稻虾田进排水管口处设置80～100目密网兜2～3层（图5-106），防止野杂鱼进入，但也不能简单设置（图5-107）或不设置过滤网直接灌水入田（图5-108）或向外排水（图5-109）。四是茶粕毒杀（图5-110）。用茶粕或茶皂素全池遍洒杀灭野杂鱼，具体方法是每亩每米水深用20千克左右的茶籽饼，浸泡24小时后撒入稻虾田水体中（图5-111），能够灭除黑鱼、泥鳅、黄鳝、鲫鱼、鲶鱼、黄颡鱼等多种野杂鱼。一般使用茶籽饼2小时后野杂鱼就会中毒死亡（图5-112），清除时间快而彻底。但捞出的野杂鱼不能食用，也不能喂养畜禽和鱼，可以晒干或速冻后饲喂小龙虾（图5-113）。

图5-106　稻虾田进水口应设置过滤网

图5-107　这样的进水口滤网容易堵塞

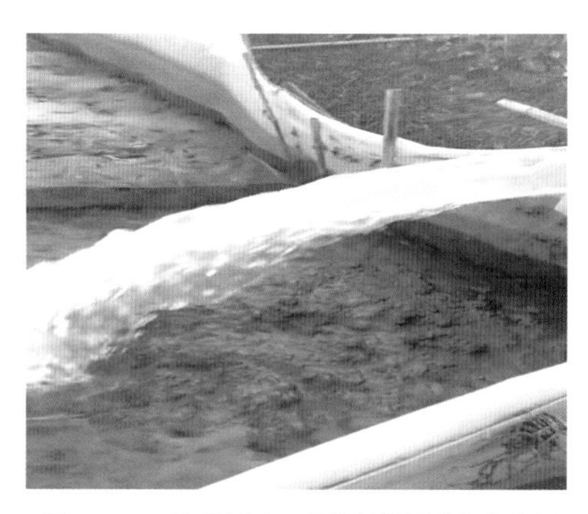

图5-108　杜绝进水口不装过滤网注水入田

图5-109　应杜绝排水口不安装过滤网

图5-110　茶籽饼

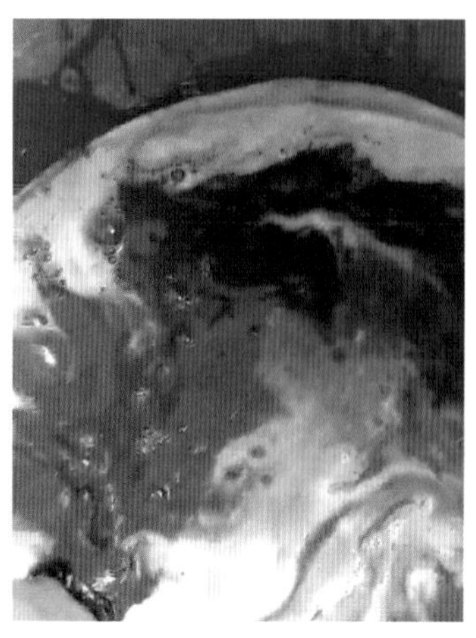

图5-111　用水泡开后的茶籽饼

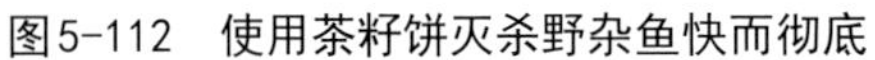

图5-112　使用茶籽饼灭杀野杂鱼快而彻底

图5-113　及时捞出稻虾田中死亡的野杂鱼

坚决贯彻稻虾田养虾就养虾的原则，不要套养其他的鱼类。许多养虾人认为鲢鱼、鳙鱼、白鲢都是滤食性鱼类，食物通常为水体中的藻类和浮游生物，不会主动攻击或取食小龙虾，便在稻虾田放入一定数量的花白鲢，可以增加一些收入。但问题出现了，稻虾田出现了其他野杂鱼要不要灭杀？如果灭杀，这些花白鲢不就一起死亡了吗？是不是在灭杀之前，把花白鲢提前捕出来，待灭杀后再放回，这样不就太费时费力了吗？因此，稻虾田放养鲢鳙实质是得不偿失。

第六章 稻虾综合种养产业可持续发展

如何实现稻虾产业一二三产业融合发展？

近年来，稻虾综合种养面积逐年快速扩大，小龙虾养殖面积与产量不断增长，而整体质量并没有发生根本性转变，与稻虾综合种养各环节的关键模式、技术、品种、投入品等的研发远远跟不上产业发展的步伐，形成了“生产拉着科研走”的被动局面。2019年全国小龙虾产业总产值达4110亿元，其中以小龙虾养殖的第一产业产值约710亿元，以加工业为主的第二产业产值约440亿元，以餐饮为主的第三产业产值约2960亿元，分别同比增长4.11%、55.48%和8.54%，第二产业占比增幅较大，第三产业产值最高，占总产值的72.02%。由此可见，小龙虾产业是由餐饮消费为主导的产业，第一和第二产业都依赖于第三产业，尚未形成协同发展、融合发展的格局。在养殖模式中，小龙虾稻田养殖产量177万吨和面积1658万亩，分别占小龙虾养殖总产量208.96万吨和总面积1929万亩的84.82%和85.96%，占全国稻渔综合种养总产量290万吨和总面积3500万亩的61%和47.71%。小龙虾稻田种养生产规模急速扩张及2020年全球突发的新冠肺炎疫情严重影响了市场消费，小龙虾的第三产业遭受严重打击，与此相连的第一产业和第二产业也备受冲击，形成短时期内供过于求的局面，造成小龙虾产量、质量、价格均大幅下滑，投入产出比严重失调，给养殖户造成了严重经济损失，也影响了小龙虾产业的持续健康发展。

纵观国内整个稻虾产业发展的现状，虽然总生产规模较大，但还存在着制约该产业的诸多问题。如在市场方面，存在着流通不畅、食品加工滞后且分布不均衡、小品牌多而杂、优质难优价、种养户增收困难多等问题；在技术推广方面，产学研推尚未形成合力，虽然各方都在开展推广工作，但明显没有形成合力，成体系的模式及配套技术和产品少，稻虾田种植的水稻品种纷杂繁乱、主推品种不明，小龙虾良种繁育场数量少和苗种繁殖操作不规范不专业质量差，稻虾田专用投入品的研发严重滞后于生产应用导致滥施滥用问题频出等突出问题。

那么，如何实现稻虾产业一二三产业融合发展呢？笔者认为应从以下几个方面入手。一是因地制宜稳定推进。在市场引领的前提下，各地政府应对本地区稻虾产业进行宏观规划布局，在适宜发展的区域相对集中连片发展。从根本上改变目前虽总体面积大，但自发从业者多、单个生产规模小、生产经营分散不连片、田间工程不配套、生产操作不标准、农业主管部门难管理等松散杂乱、各行其是的无序生产现状。二是合理布局、三产融合。科学规划协同推进稻虾种养、尾水处理（图6–1）、加工流通和仓储、餐饮及农旅结合的休闲观光等产业（图6–2），延伸产业链，实现一二三产业融合发展，将养虾（生产）、吃虾（加工、流通、餐饮）、钓虾（休闲观光）“三虾”产业联动均衡推进，彻底改变目前一二三产业脱节、稻虾生产目标不明、市场流通不畅、食品加工滞后、小品牌多而乱、稻虾产品质量良莠不齐、优质难优价、从业者增收困难多等现状。三是强化研发创新驱动。在政府部门主导下，积极调动、整合科研院所和大专院校的研发力量，加大科研资金投入力度，重点开展因地制宜的稻虾推广模式及配套工程设施建设方案创建，以及稻虾专用种养品种和专用投入品的研发，彻底改变目前稻虾产业主推模式不明、配套工程不规范、专用品种缺乏、投入品良莠不齐、配套技术不健全、生产自发性和盲目性强、缺乏标准化操作等现状。四是创新机制协同推广。在政府部门主导下，积极探求稻

图6-1　规模稻虾田周边尾水处理池

图6-2　宁夏贺兰县稻虾田美丽画卷

虾综合种养的推广机制，使产学研推形成合力，科学高效地发展壮大稻虾产业，在“粮安天下”的前提下，及早实现九个转变。一是实现由“大养虾”向“养大虾”转变；二是小龙虾繁养实现由自繁自育向“茬茬清”的繁养匹配、繁养分区、繁养轮转方式转变；三是实现小龙虾由集中上市向错时繁养、错峰上市转变；四是实现稻虾田水稻由随意种植向专用化主推品种转变；五是稻虾田投入品的使用实现由滥施滥用向经专门认定和市场准入、专业化指导使用转变；六是实现稻虾主推模式由传统落后的“一稻一虾”模式向更加高效的“一稻两虾”“一稻三虾”甚至“一稻四虾”新模式转变；七是实现稻虾田由单一的生产功能向生产、旅游观光、休闲娱乐、特色农产品销售等多种业态并存的转变；八是农民培训实现由注重形式向注重内容真正能培养出高素质农民的转变；九是稻虾产品品牌实现由多而乱的个体小品牌向大的有影响力的区域性品牌转变。

当前，我国休闲农业正在快速兴起，稻虾田又是优良的农业观光旅游资源，稻虾田里可以有图画（彩色稻田画）（图6-3）、有文章（彩色稻构建的文字）（图6-4）、有歌声（再现地方特色民歌和插秧号子）（图6-5）、有故事（彩色稻田画展现的传说、历史和现代故事）（图6-6）、有娱乐（钓龙虾、插秧割稻脱粒等传统农事体验）（图6-7）等，将稻虾田描绘成一幅幅乡村振兴的美丽画卷。

图6-3　稻虾田内彩色稻构建的稻田画

图6-4　稻虾田内彩色稻构建的篇章——中国梦

图6-5　稻虾田唱插秧号子的表演者

图6-6　稻虾田内彩色稻构建的三国故事——三英战吕布

图6-7　游客在稻虾田体验捕捉小龙虾活动

100 如何打造稻虾产业产品品牌?

从稻虾品牌创建的角度来讲，首先应打造规模化的稻虾产业基地，在生态环境优美、水资源丰富、土壤肥沃适宜发展或历史悠久的传统稻虾产区，规划建设规模化、标准化、有影响力的产业基地；然后是规划布局协同发展的产业集群，实现稻虾生产、加工和消费等一二三产业融合发展；最后才是打造特色稻虾农产品品牌，并形成地理标志产品，树立品牌的影响力。

目前稻虾产业由于大都生产规模小、经营分散，即使是采用稻虾生态种养模式生产出的优质稻谷也与普通稻谷同价出售，很难实现优质优价。因此，必须打造规模化的稻虾生态种养产业基地，尽力实现农产品优质优价。小龙虾也与其他养殖方式产出的同价出售。由于稻虾加工产业布局缺乏统筹规划，尤其在新兴发展区，小龙虾加工厂很少，小龙虾基本以鲜食为主，一旦集中上市，价格就大幅下滑，严重挫伤种养户的积极性，小龙虾产品能够创建成品牌的十分鲜见。许多生产经营者即使在“稻虾米”或“虾田米”方面创建了一些小品牌（图6–8、图6–9），但都因为规模小、市场占有率低、影响力小而得不到实质性收益。可见，目前稻虾分散式的生产经营方式尚不能达到利益最大化的目标，也很难调动新型经营主体的创业积极性。所以，稻虾生态种养主产区的优质“虾田米”“稻田虾”等农渔产品公共区域性品牌打造严重滞后，品牌的效应尚未形成。

图6–8　开发出的优质稻虾米

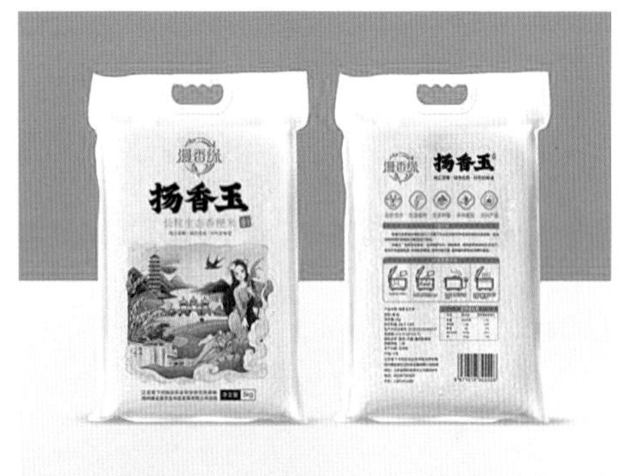

图6–9　稻虾共作的生态大米

“盱眙龙虾”区域公用品牌的打造确实是一个成功的案例。多年来江苏省盱眙县在小龙虾生产加工、小龙虾品牌推广、餐饮美食、烹饪调料等方面不遗余力，将盱眙打造成了“中国龙虾之都”。盱眙是最早将小龙虾当作产业和品牌来运作和推广的，自2001年以来，已经连续举办了20届龙虾节，并且将“盱眙龙虾”当作区域公用品牌来运作，给小龙虾产业的发展带来了前所未有的机遇。“盱眙龙虾”不仅在全国推广开来，而且还走向了世界。从盱眙走出去的“十三香龙虾”烹饪方法、龙虾烧制人员、龙虾调料、龙虾节等已经深深影响了整个小龙虾产业，将“盱眙龙虾”带往世界各地，“盱眙龙虾”为小龙虾地理区域品牌树立建立了模板。据“2020中国品牌价值评价信息线上发布”解析，“盱眙龙虾”继续保持强劲上升势头，品牌价值高达203.92亿元，列地理标志产品排行榜第十三名，连续5年列全国水产类公用品

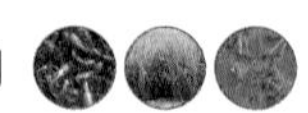

牌第一名。除“盱眙龙虾”品牌之外，盱眙县又致力于“盱眙龙虾香米”品牌的创建，该品牌大米被评为“江苏好大米十大品牌”，并荣获“全国稻渔优质渔米大赛金奖”。在此基础上如果再打造出“盱眙龙虾苗”的优质小龙虾苗种品牌，以及整合盱眙旅游资源创立一二三产业融合发展的“盱眙龙虾旅游”休闲观光品牌，则更能彰显“盱眙龙虾”全产业链的品牌塑造和综合影响力。

参考文献

韩光明，张家宏，王守红，等，2015. 克氏原螯虾生长规律及大规格生态健康养殖的关键技术和效益分析[J]. 江西农业学报，27（2）：91–94.

寇祥明，韩光明，吴雷明，等，2020. 虾苗密度对稻虾共作模式下稻虾生长及氮磷利用的影响[J]. 扬州大学学报（农业与生命科学版），41（2）：22–27.

寇祥明，谢成林，韩光明，等，2018. 3种稻田生态种养模式对水稻品质、产量及经济效益的影响[J]. 扬州大学学报（农业与生命科学版），39（9）：70–74.

寇祥明，张家宏，王守红，等，2010. 克氏原螯虾交配行为的初步研究[J]. 江西农业学报，22（12）：150–152.

寇祥明，张家宏，王守红，等，2012. 克氏原螯虾冬季暂养技术规程[J]. 江苏农业科学，40（3）：221，232.

寇祥明，张家宏，张聚涛，等，2012. 盐度和时间对运输克氏原螯虾虾苗影响的模拟研究[J]. 江西农业学报，24（2）：138–139，144.

王守红，张家宏，寇祥明，等，2011. 克氏原螯虾卵粒大小与孵化率相关性研究[J]. 江西农业学报，23（8）：156–157，163.

张家宏，寇祥明，王守红，等，2010. 克氏原螯虾高效养殖模式及其经济效益[J]. 水产科技（2）：19–21.

张家宏，毕建花，朱凌宇，等，2018. "一茭三虾"生态种养模式绿色生产技术[J]. 贵州农业科学，46（6）：107–110.

张家宏，韩光明，唐鹤军，等，2016. "双链型"稻–鸭–鱼循环农业模式配套技术及经济效益分析[J]. 山西农业大学学报，36（8）：533–537，566.

张家宏，韩光明，王桂良，等，2017. 3种人工湿地的构建及其对养殖池塘富营养化水的治理效果[J]. 现代农业科技（21）：180–182，188.

张家宏，韩光明，宰素珍，等，2017. 莲藕–克氏原螯虾生态种养共作模式和技术[J]. 湖南农业科学（2）：80–82.

张家宏，韩晓琴，王守红，等，2004. 无公害克氏螯虾养殖技术规范[J]. 农业环境与发展

（4）：9–10.

张家宏，何榕，王桂良，等，2018. 江苏里下河地区农业面源污染防治对策研究与示范[J]. 农学学报，8（2）：15–19，49.

张家宏，何榕，朱凌宇，等，2017. 以生态文明为引领促进江淮生态大走廊建设[J]. 环境与可持续发展，42（5）：150–154.

张家宏，寇祥明，韩光明，等，2017. 里下河地区水生蔬菜+克氏原螯虾共（轮）作关键技术及效益分析[J]. 湖北农业科学，56（10）：1898–1902.

张家宏，寇祥明，王守红，等，2008. 不同饵料配比对克氏原螯虾生长及抱卵的影响[J]. 饲料博览（5）：1–3.

张家宏，寇祥明，王守红，等，2009. 克氏原螯虾生态法工厂化繁育生产技术规程[J]. 科技创新导报（4）：117–118.

张家宏，寇祥明，张旭晖，等，2020. “一茭三虾”绿色高效生态种养模式图[M]. 南京：江苏凤凰科学技术出版社.

张家宏，王桂良，黄维勤，等，2017. 江苏里下河地区稻田生态种养创新模式及关键技术[J]. 湖南农业科学（3）：77–80.

张家宏，王守红，寇祥明，等，2008. 克氏原螯虾工厂化繁育关键技术[J]. 江苏农业科学（4）：205–207.

张家宏，王守红，寇祥明，等，2009. “双链型”林–牧草–鹅–龙虾生态农业模式的高效配套技术[J]. 江西农业学报（9）：43–45.

张家宏，王守红，寇祥明，等，2010. 克氏原螯虾虾苗对不同生存环境的适应性研究[J]. 江西农业学报，22（1）：130–131，135.

张家宏，王守红，寇祥明，等，2010. 克氏原螯虾自相残食特性及人工繁育中的关键技术研究[J]. 江西农业学报，22（2）：109–112.

张家宏，王守红，寇祥明，等，2011. “双链型”林–牧草–畜禽–沼气–渔循环农业模式高效配套技术研究[J]. 江西农业学报，23（11）：25–27，30.

张家宏，王守红，寇祥明，等，2011. “双链型”鲜食玉米–奶牛–沼气–龙虾–牧草循环农业模式的高效配套技术[J]. 江西农业学报，23（8）：133–135，138.

张家宏，王守红，寇祥明，等，2011. 克氏原螯虾繁育与养殖标准化的研究、实践与示范推广[J]. 江苏农业科学（6）：393–394.

张家宏，王守红，寇祥明，等，2012. 饲料中蛋白质和脂肪水平对克氏原螯虾生长的影响研究[J].江西农业学报，24（8）：88–93.

张家宏，王守红，寇祥明，等，2016.“四水”生态种养人工湿地的构建、消纳富营养化水的功能及标准化示范推广[J].中国标准化（5）：76–80.

张家宏，杨洪建，金银根，等，2019.“一稻三虾”绿色高效生态种养模式图[M].南京：江苏凤凰科学技术出版社.

张家宏，杨洪建，朱凌宇，等，2019.“一藕三虾”绿色高效生态种养模式图[M].南京：江苏凤凰科学技术出版社.

张家宏，叶浩，朱凌宇，等，2017.“四型”绿色种养模式技术规程推广应用助推农业供给侧改革[J].江苏标准化（2）：48–49.

张家宏，叶浩，朱凌宇，等，2019.江淮地区“一稻三虾”综合种养绿色生产技术[J].湖北农业科学，58（8）：110–113

张家宏，朱凌宇，寇祥明，等，2019.江淮平原“一藕两虾”生态种养模式绿色生产技术[J].湖北农业科学，58（14）：113–116.

张家宏，朱凌宇，寇祥明，等，2019.克氏原螯虾综合种养模式存在的问题及对策 [J].农业展望（5）：59–66.

张家宏，朱凌宇，王守红，等，2018.江苏里下河地区“四水”生态种养绿色生产技术[J].湖北农业科学，57（1）：24–26.

张聚涛，寇祥明，张家宏，等，2011.克氏原螯虾药物催产实验研究[J].江西农业学报，23（3）：159–160.

朱凌宇，张家宏，寇祥明，等，2017.江苏里下河地区“一稻两虾”共作模式生产技术规程[J].湖北农业科学，56（15）：2811–2813.

朱伟，韩光明，王艳，等，2014.水稻–克氏原螯虾共作模式的产量和效益分析[J].江苏农业科学（7）：376–377.

An Z H，Yang H，Liu X D，et al.，2020. Effects of astaxanthin on the immune response and reproduction of Procambarus clarkii stressed with microcystin–leucine–arginine[J].Fisheries Science，86（5）.

Liu F，Qu Y K，Geng C，et al.，2020. Effects of hesperidin on the growth performance，antioxidantcapacity，immune responses and disease resistance of red swamp crayfish（Procambarus clarkii）[J].Fish and Shellfish Immunology，99：154–166.

Liu X D，He X，An Z H，et al.，2020. Citrobacter freundii infection in red swamp crayfish

(Procambarus clarkii) and host immune-related gene expression profiles[J].Aquaculture，515.

ZHANG J H，Bi J H，Zhu L Y，et al.，2017.Key Techniques of an Ecological Pattern “Planting Rice in One Season and Breeding Red Swamp Crawfish in Three Seasons” for Green Production in Lixiahe Region of Jiangsu Province[J].Agricaltural Science & Technology，18（8）：1406-1409.

后 记

经过近一年的资料搜集整理和倾心撰写，终于赶在2020年中秋、国庆双节到来之际，将这部书稿数次修改誊清，并正式提交，心里顿觉轻松了许多。当然，为读者写出能够看得懂、学得会、用得上的科普专著，心里又多了许多慰藉。想想往日起早贪黑加班加点辛勤码起的字，被突然的断电或者电脑故障化为乌有时的懊恼，想想有时为拍摄一张现场好图，亲自驱车数百千米走进风霜雪雨的田间地头，想想为了一些种养细节一次又一次地寻访求证各地老农，现在看来这些所有的付出都是值得的。同时，也衷心地感谢江苏省农业科学院在组织编写农事指南系列丛书时，给我创作这部书的机会。

我国是一个农业大国，水稻又是农业生产的主要农作物，水稻种植面积约4.5亿亩，其中适宜发展综合种养的水网稻田、冬闲稻田和低洼稻田面积近1亿亩。2017年农业部启动了国家级稻渔综合种养示范区创建工作，计划到2020年，创建100个国家级稻渔综合种养示范区，发展稻渔综合种养3000万亩以上，可喜的是这个目标已提前实现。尤其是稻虾综合种养发展的速度更快，已达整个稻渔综合种养的一半。近年来，在解决小龙虾市场供不应求的局面时，各地政府抓住这一千载难逢的机遇，调结构、转方式，进行农业供给侧结构性改革，大力推进稻虾综合种养模式，取得了显著成效。笔者结合自身科研工作，从技术层面上进行了稻虾模式的集成创新与绿色种养、绿色防控、绿色营养技术体系研究实践，取得了重要突破。《稻虾综合种养产业关键实用技术100问》中“三绿”生产技术体系的集成，是笔者20多年来，在国家、部省、院（市）等多项科研项目的支持下，尤其是近年来的江苏省水稻和小龙虾产业技术体系、江苏省农业自主创新资金和亚夫科技服务专项、江苏省重点研发计划（现代农业）等项目资助下，开展有关稻虾研究及示范推广的技术经验总结，并对相关技术资料搜集整理、研究集成和精心撰写完成的，期间征求了

许多同行专家和生产实践者的诸多意见，包括如何设问，如何面向生产实际答问，以切实解决生产实际问题，并数易书稿。由于主要工作是在江淮地区研究集成和推广应用，其他地区并不完全适用，但可做参考。书中将“一稻三虾”周年时空高效利用的顶级稻虾综合种养模式技术体系按照“稻、虾、草、肥、水、药、菌、氧、饵、敌、底、藻”种养十二字方案，拆分成100个技术关键问题，编写进“绿色种养”“绿色营养”和“绿色防控”重要章节中，并娓娓道来，实为有理有据、有条不紊。各地稻虾综合种养户可结合当地的气候条件和现有的资源情况，合理决策，逐步实现一二三产业融合发展。

《稻虾综合种养产业关键实用技术100问》这部书，在核心技术研发集成、图文编校过程中，得到了寇祥明副研究员、王守红研究员，以及韩光明助理研究员、盖玉芳助理研究员、吴雷明助理研究员、朱凌宇助理研究员、徐荣助理研究员、毕建花助理研究员、徐卯林研究员、叶浩副研究员等的大力支持和帮助。同时，得到了项目合作者扬州大学张洪程院士、张晓君教授、金银根教授、金涛副教授、孙益豪研究生的鼎力支持；在“一稻三虾”绿色高效生态种养模式示范推广过程中得到了江苏省渔业技术推广中心陈焕根和张朝晖推广研究员、江苏省农业技术推广总站管永祥和杨洪建推广研究员，以及江苏省气候中心张旭晖高级工程师等的悉心帮助；“一稻三虾”绿色高效生态种养模式率先在江苏普兴循环农业发展有限公司、淮安市千年堰生态农业有限公司、盱眙祥丰农业发展有限公司、江苏能林生态农业科技发展有限公司、扬州市龙道生态农业有限公司等基地示范推广且成效显著，在此对各示范企业的密切配合深表谢意！同时对安徽省农垦集团华阳河农场有限公司、江苏艾萨斯新型肥料工程技术有限公司、湖南文和友文化产业发展集团有限公司、江苏福益坊休闲观光农业有限公司、江苏富裕达粮食制品股份有限公司、江苏沃纳生物科技有限公司、江苏克胜集团蜻蜓农业研究院（江苏）有限公司等科技型企业精诚合作研发稻虾共育专用肥、稻虾专用饲料和稻虾专用生物制剂等系列产品，并投入大面积推广应用，表示诚挚感谢！对江苏省克氏原螯虾和水稻产业技术体系的各位专家多年来给予的支持和帮助深表感恩！对广大“一稻三虾”绿色高效生态种养模式的生产实践者和群员、网友等提供先进的经验、做法和部分现场图片，也一并表示衷心感谢！